U0076894

38 間品味名店 ╳ 108 道奢華甜品
打造創意無限的素材組合

法式小蛋糕 解剖學

café-sweets 編集部

瑞昇文化

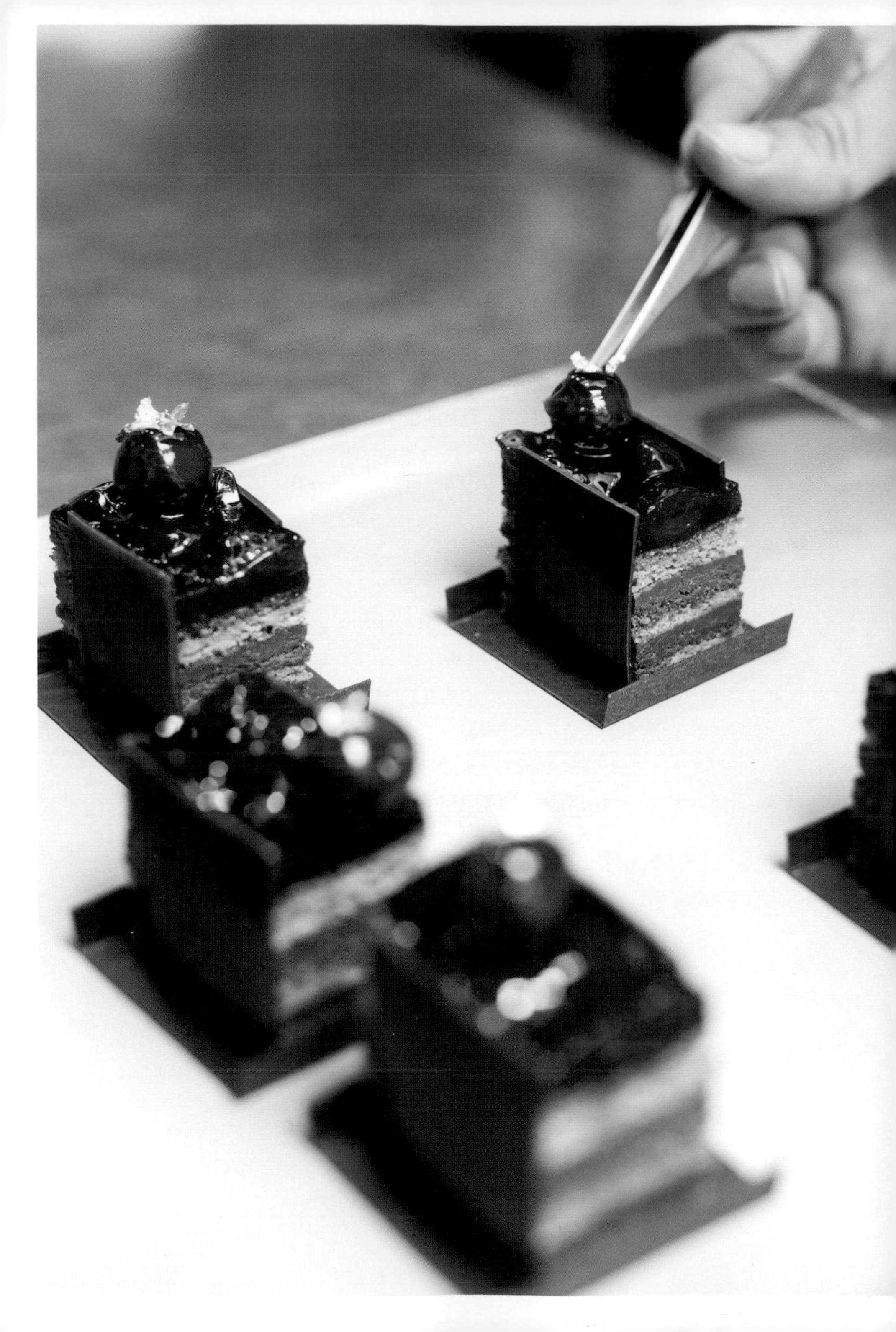

放進嘴裡的瞬間，馬上就能感受到竄入鼻腔的香氣、入口即化、口感酥脆，最後是滿滿的甜蜜餘韻……。堪稱甜點店小小明星的「法式小蛋糕」，其富含的豐富味道、香氣和口感，全都經過甜點師的精密計算。素材的組合方式、味覺重點的呈現，全都是展現甜點個性的關鍵。透過豐富的發想和製作方法的巧思，就能開創出無限的表現。

本書刊載的108種法式小蛋糕是，源白於38間知名甜點店的獨創美味，其中12種法式小蛋糕更是無私分享了詳細的食譜與製作方法。內容主要分成7大主題，分別是以「水果」、「花、香草、香辛料、洋酒」、「日本茶、中國茶」、「紅茶、咖啡」、「堅果、巧克力、焦糖」、「起司」等素材作為主軸的法式小蛋糕，以及「名店的招牌法式小蛋糕」，旨在分享甜點師的創意與技術、素材組合的精妙之處。

正因為有味道、香氣、質地、外觀等各種要素的巧妙組合，才能建構出『美味』的法式小蛋糕。裡面不僅充滿知名甜點師的創意巧思，同時更蘊藏了甜點製造的滿滿靈感。

目 錄

1

以水果為主角的法式小蛋糕

2

花、香草、香辛料、洋酒的法式小蛋糕

3

日本茶、中國茶的法式小蛋糕

4

紅茶、咖啡的法式小蛋糕

5

堅果、巧克力、焦糖的法式小蛋糕

6

使用起司的法式小蛋糕

7

名店的招牌法式小蛋糕

本書使用前的注意事項

＊書中也會刊載目前沒有販售的商品。

＊基本上，商品名和部件名依取材店的標記為準。

＊份量基本上是指取材店的下料量。也有以使用於其他商品為前提的下料案例，有時可大量製作。

＊部分材料會刊載品牌名稱和產品名稱，作為趨近於該甜點味道的參考。

＊模型尺寸為各店使用的模型實際尺寸。

＊沒有特別記載時，奶油使用無鹽奶油。

＊麵粉等粉類（杏仁粉、可可粉、糖粉亦包含在內）使用前皆須過篩。

＊用攪拌機攪拌時，應適當暫停機器，用橡膠刮刀或切麵刀等道具，把附著在鋼盆內側或攪拌器上面的材料刮下來。

＊攪拌機的速度或攪拌時間、烤箱溫度或烘烤時間等，僅供參考。請依機種、麵團、鮮奶油的狀態等，進行適當的調整。

＊室溫的標準是20～25℃。

＊本書是從柴田書店發行的MOOK《café-sweets》vol.196（2019年10-11月）、vol.208（2021年10-11月）所刊載的專欄報導，和vol.193～211（2019年4-5月～2022年4-5月）所刊載的《特別篇》的報導所摘錄、彙整而成。

Petits Gâteaux

1

以水果為主角的法式小蛋糕

Fruits

Lunettes（眼鏡）

アングラン
UN GRAIN

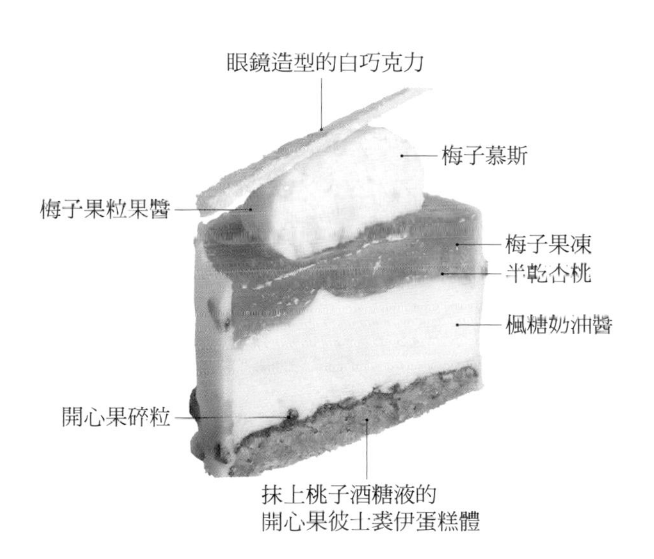
眼鏡造型的白巧克力
梅子慕斯
梅子果粒果醬
梅子果凍
半乾杏桃
楓糖奶油醬
開心果碎粒
抹上桃子酒糖液的
開心果彼士裘伊蛋糕體

甜點師昆布智成的故鄉・福井縣產的成熟梅子『黃金梅』，搭配濃郁的楓糖和開心果，能夠細細品嚐到成熟梅子的清爽酸味。和梅子同屬薔薇科的杏桃、桃子的香氣也有加分效果，讓成熟梅子的香氣更有深度，酥脆的開心果和彈牙口感恰到好處的半乾杏桃，為口感增添更多豐富變化。因為福井縣的眼鏡製造也相當知名，所以就在頂端裝飾上Lunettes（眼鏡）造型的巧克力，上面不做任何淋醬，直接運用成熟梅子的黃金色，營造出華麗的印象。

材料（130個）

梅子果粒果醬
黃金梅果泥……75g
水……20g
精白砂糖……70g
果膠……2g

梅子果凍
黃金梅果泥……75g
水……31g
精白砂糖……21g
明膠片（用冷水泡軟）……2g

開心果彼士裘伊蛋糕體
（60×40cm的烤盤1個）
蛋白……144g
精白砂糖……80g
A *1 全蛋……80g
加糖蛋黃（加糖20%）……90g
蛋白……45g
B *2 杏仁糊……162g
開心果糊……67g
玉米澱粉……80g
奶油（融化）……32g
*1 混拌。
*2 混拌。

桃子酒糖液
白橙皮酒（SAUMUR）……70g
桃子果泥……130g
糖漿（波美30度）……60g
※將所有材料混合在一起。

楓糖奶油醬
楓糖（Dark／Queen Bee Garden）*……440g
鮮奶油（乳脂肪含量35%）……488g
加糖蛋黃（加糖20%）……140g
明膠片（用冷水泡軟）……6g
馬斯卡彭起司……720g
*用大火一邊攪拌，熬煮至重量剩340g。

梅子慕斯
明膠片（用冷水泡軟）……10g
黃金梅果泥……225g
精白砂糖……17g
優格（把水瀝乾）……125g
鮮奶油（乳脂肪含量35%／打發至7～8分）
……125g

組合、裝飾
開心果碎粒……適量
半乾杏桃*1……適量
白巧克力的裝飾*2……適量
*1 用剪刀剪成小塊（約2g）。
*2 把融化的白巧克力倒進特製的Lunettes（眼鏡）模型，僅倒入薄薄的一層，冷卻凝固。凝固後，用口徑11mm的圓形模具壓切出2個孔，撒上糖粉（份量外）。

白巧克力的淋醬巧克力
（容易製作的份量）
白巧克力（Valrhona「IVOIRE」／融化）……380g
葡萄籽油……45g
杏仁碎粒*……45g
*焦糖化的種類。
※將所有材料混合在一起。

製作方法

梅子果粒果醬

1 把黃金梅果泥和水放進鍋裡，開火加熱，一邊攪拌加熱至40～50℃。

2 加入精白砂糖，全部融化之後，關火，加入果膠混拌。倒進容器，放進冰箱冷藏保存。

梅子果凍

1 把黃金梅果泥、水、精白砂糖放進鍋裡，開火加熱，一邊攪拌加熱至60℃。

2 加入將水瀝乾的明膠片混合攪拌，倒進鋼盆。讓鋼盆的底部接觸冰水，冷卻至5℃，放進冰箱冷藏。

開心果彼士裘伊蛋糕體

1 把精白砂糖分2、3次加入蛋白裡面，確實打發至勾角挺立的狀態。

2 把*A*材料和*B*材料放進鋼盆，用打蛋器混拌。

3 把*1*的材料放進*2*的鋼盆裡面，用橡膠刮刀粗略混拌。

4 依序加入玉米澱粉、融化的奶油，每加入一次材料，就要用橡膠刮刀混拌均勻，再加入下一種材料。

5 倒入60×40cm的烤盤內抹平，用150℃的熱對流烤箱烤12～13分鐘。

6 熱度消退後，抹上80g左右的桃子酒糖液，用直徑4×高度3cm的圓形圈模壓切。直接讓蛋糕體附著在圓形圈模的底部。

楓糖奶油醬

1 把熬煮過的楓糖漿倒進鍋裡，加入鮮奶油，開中火加熱，一邊用橡膠刮刀攪拌均勻。

2 把加糖蛋黃和*1*的材料倒進鋼盆，混拌。

3 再次倒回*1*的鍋子裡面，開火，用橡膠刮刀攪拌，一邊烹煮至82～83℃。

4 把鍋子從火爐上移開，加入瀝乾水分的明膠片混拌。

5 一邊過篩到鋼盆，讓鋼盆的底部接觸冰水，使溫度冷卻至5℃。

6 把5的材料和馬斯卡彭起司放進攪拌盆，用附帶攪拌器的高速攪拌機持續攪拌，直到呈現泛白，有攪拌器痕跡殘留的程度。

梅子慕斯

1 把瀝乾水分的明膠片和20g左右的黃金梅果泥放進鋼盆，用微波爐加熱，使明膠片融解。

2 把剩餘的黃金梅果泥和1的材料、精白砂糖放進另一個鋼盆，用打蛋器混拌，瀝乾水分的優格也混入。

3 分2次，把打發至7～8分的鮮奶油倒入2的鋼盆，每次加入鮮奶油，就要快速攪拌。

4 把材料擠進直徑2.5×深度1cm的半球形矽膠模型裡面，放進冷凍庫冷卻凝固。

組合、裝飾

1 連同圓形圈模一起，把開心果彼士裘伊蛋糕體排列在托盤上，放入一撮開心果碎粒。

2 把楓糖奶油醬裝進擠花袋，擠花袋前端裝上口徑12mm的圓形花嘴，每個圈模分別擠進13g（大約到模型的一半高度）。分別放進2個半乾杏桃。

3 把梅子果凍裝進填餡器，擠進圈模至模型的高度，放進冷凍庫冷卻凝固。

4 脫模，放進白巧克力的淋醬巧克力裡面浸泡，僅保留頂端的果凍部分。

5 梅子慕斯脫模後，放在果凍的正中央。

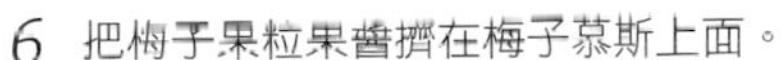

6 把梅子果粒果醬擠在梅子慕斯上面。

7 將撒上糖粉的眼鏡造型白巧克力放在6的上面。

Sicilian（西西里）

パティスリー サヴール オン ドゥスール
PÂTISSERIE SAVEURS EN DOUCEUR

白巧克力薄片
馬斯卡彭香緹鮮奶油
覆盆子慕斯
莓果淋醬
開心果脆餅
覆盆子果粒果醬
覆盆子
法式甜塔皮
開心果料糊

覆盆子和開心果的經典組合，味覺方面的要素沒有添加太多，但是口感卻十分豐富。鬆軟綿密的慕斯、果泥熬煮而成的香甜果粒果醬，增添水嫩的果實口感。開心果料糊和法式甜塔皮的靈感來自法式傳統甜點克拉芙緹（Clafoutis）。正中央輕盈薄脆的白巧克力薄片，和外圍口感酥脆的開心果脆餅，為柔滑的口感帶來豐富變化。馬斯卡彭香緹鮮奶油的乳香濃郁，讓整體的風味更加融合一致。

材料（20個）

法式甜塔皮

奶油*[1]……540g
糖粉……325g
全蛋（蛋液）……120g
鹽巴……4g
A *[2] 低筋麵粉……840g
杏仁粉……110g

*1 恢復至室溫，製成膏狀。
*2 各自過篩後，混合。

開心果料糊

A * 加糖蛋黃（加糖20%）……65g
全蛋……108g
精白砂糖……75g
鮮奶油（乳脂肪含量36%）……150g
馬斯卡彭起司……140g
開心果醬（MARULLO）……81g
櫻桃酒……26g

*混合。

覆盆子慕斯

A *[1] 覆盆子果泥（Boiron）……200g
瑪哈草莓果泥（Crop's）……75g
明膠片（用冷水泡軟）……8g
B *[2] 覆盆子香甜酒……12g
檸檬汁……10g
精白砂糖……44g
水……16g
冷凍蛋白（解凍）……44g
鮮奶油（乳脂肪含量36%／打發至8分）……225g

*1 混合。
*2 混合。

莓果淋醬

覆盆子果泥*……262g
黑醋栗果泥（Boiron）……56g
水飴……245g
精白砂糖……20g
紅醋栗……61g
鏡面果膠……402g
明膠片（用冷水泡軟）……20g

*混合。

覆盆子果粒果醬

A 冷凍覆盆子（整顆）……500g
瑪哈草莓果泥……100g
紅醋栗……30g
精白砂糖……470g
果膠……14g

※把*A*放在一起加熱，精白砂糖融化後，關火，加入果膠混合。

組合、裝飾

覆盆子（縱切成對半）……30個
白巧克力*[1]……適量
馬斯卡彭香緹鮮奶油*[2]……342g
開心果脆餅*[3]……約200g

*1 調溫後，鋪平抹開，製作成直徑7cm的圓形和4cm方形的薄片。
*2 把鮮奶油（乳脂肪含量45%）200g、馬斯卡彭起司100g、精白砂糖23g、蜂蜜（Renge）12g、櫻桃酒7g混合在一起，確實打發，直到能夠塑型成紡錘狀。
*3 把精白砂糖100g和水20g放進鍋裡煮沸，把烤過的開心果碎粒100g放進鍋裡，一邊攪拌加熱，裹上糖衣。

製作方法

法式甜塔皮

1 把呈現膏狀的奶油和糖粉放進鋼盆，用打蛋器確實搓磨攪拌，直到呈現泛白。
2 分多次把打散的蛋液倒入，每次加入蛋液，都要確實攪拌後，再倒入下一次的蛋液。
3 放入鹽巴和A材料，用切麵刀持續攪拌，直到粉末完全消失。放進冰箱冷藏1個晚上。
4 擀壓成厚度2mm的麵皮，放進直徑7×高度1.5cm的模型裡面。
5 用170℃的熱對流烤箱烤15分鐘左右。
6 出爐後馬上脫模，在內側抹上全蛋的蛋液（份量外）。
7 熱度消退後，用略粗的鐵網等，稍微摩擦邊緣，消除邊緣的凹凸。

開心果料糊

1 把A材料和精白砂糖放進鋼盆，用打蛋器確實搓磨攪拌，直到呈現泛白。
2 把鮮奶油放進鍋裡，開火加熱至80℃後，倒進1的鋼盆裡面攪拌。
3 把馬斯卡彭起司和開心果醬放進另一個鋼盆，用打蛋器混拌。
4 分2次，把2的材料倒進3的鋼盆裡面，每次加入材料都要確實混拌。

5 過濾，加入櫻桃酒，稍微混拌。

覆盆子慕斯

1 把A材料和明膠片放進鍋裡，開火加熱。明膠片融解後，過濾至鋼盆。
2 加入B材料，用橡膠刮刀攪拌，讓鋼盆的底部接觸冰水，藉此消除熱度。
3 把精白砂糖和水放進另一個鍋子，熬煮至溫度達118℃。
4 把蛋白放進攪拌盆，加入3的材料，一邊攪拌，製作義式蛋白霜。
5 確實打發後，把攪拌盆從攪拌機上面拿下來，讓攪拌盆的底部接觸冰水，一邊用打蛋器攪拌，調整質地。

6 把打發至8分發的鮮奶油和**5**的材料放進鋼盆，用橡膠刮刀粗略混拌。

7 分3次，把**6**的材料倒進**2**的鋼盆，每次加入材料都要用打蛋器粗略混拌，避免壓迫氣泡，然後再用橡膠刮刀調整質地。

8 把**7**的材料擠進口徑6×底徑5×高度1.5cm的矽膠模型，填滿後，用抹刀抹平表面。放進冷凍庫冷卻凝固。

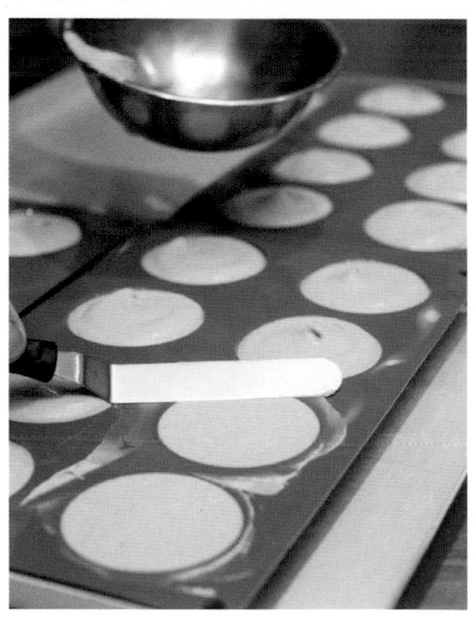

莓果淋醬

1 把2種果泥放進鍋裡加熱，加入水飴和精白砂糖、紅醋栗，一邊攪拌加熱。

2 依序把鏡面果膠和明膠片放進**1**的鍋裡加熱融解。

3 用錐形篩過濾**2**的材料。

4 用手持攪拌器攪拌至柔滑程度後，再次過濾。

組合、裝飾

1 把3個切成對半的覆盆子均等放置在法式甜塔皮裡面。

2 用填餡器把開心果料糊填進*1*的塔皮內，直到塔皮邊緣，再用140℃的熱對流烤箱烤10分鐘。出爐後，放涼。

3 把莓果淋醬調整成15℃。

4 覆盆子慕斯脫模後，翻面排列在鐵網上。用填餡器把*3*的莓果淋醬淋在覆盆子慕斯的表面，放進冰箱冷卻凝固。

5 用擠花袋把10g的覆盆子果粒果醬擠在*2*的表面。

6 把直徑7cm的圓形白巧克力薄片放在*5*的上面，再將*4*的慕斯疊放在巧克力薄片的上面。

7 用湯匙把確實發泡的馬斯卡彭香緹鮮奶油塑型成紡錘狀，放在慕斯的上面。

8 把開心果脆餅裝飾在外圍，宛如包圍著慕斯似的。

9 將4cm的方形巧克力薄片放在馬斯卡彭香緹鮮奶油的上方，稍微輕壓，在其中1個角落裝飾上金箔（份量外）。

酪梨 × 蘋果 × 椰子

Alpes（阿爾卑斯）

パティスリー ニューモラス
Pâtisserie NUMOROUS

「可以品嚐到新鮮蘋果，符合當地長野縣形象的法式小蛋糕」（大塚泰裕甜點師），靈感就來自於這麼簡單的想法。以『綠色冰沙』為形象的酪梨和蘋果慕斯為主軸，再加上用長野縣產的『富士』蘋果所製成的香煎蘋果。酪梨和蘋果的慕斯，利用即將完熟的香蕉增添自然香甜。然後再重疊上充滿牛乳甘甜芳香的椰奶慕斯，增添甜味。2種慕斯在嘴裡以不同的速度逐漸融化，先是椰奶的香甜滋味，然後就是豐富的酪梨與蘋果風味。

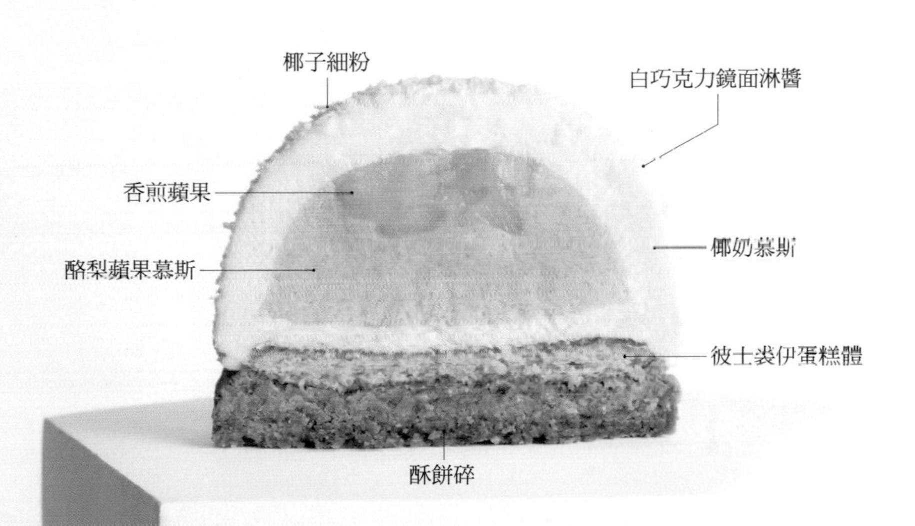
椰子細粉
白巧克力鏡面淋醬
香煎蘋果
椰奶慕斯
酪梨蘋果慕斯
彼士裘伊蛋糕體
酥餅碎

材料（24個）

酥餅碎

發酵奶油（切成1cm丁塊狀）……132g
糖粉……132g
低筋麵粉*……132g
杏仁粉*……132g
*混在一起過篩。

彼士裘伊蛋糕體（60×40cm的烤盤1個）

全蛋……180g
A 杏仁粉……150g
糖粉……175g
低筋麵粉……44g
鮮奶油（乳脂肪含量40%）*……56g
B 精白砂糖……56g
蛋白……144g
*放進鍋裡用中火加熱。

香煎蘋果

蘋果（富士／削皮，切成1cm丁塊狀）……320g
*A** 檸檬汁……7g
精白砂糖……81g
果膠……1.6g
奶油……20g
白蘭地……6g
*混合。

酪梨蘋果慕斯

*A** 青蘋果果泥……368g
酪梨（即將完熟的狀態／削皮、去籽）……165g
香蕉（即將完熟的狀態／去皮）……55g
萊姆汁……7g
蜂蜜……17g
明膠片（用冷水泡軟）……8g
鮮奶油（乳脂肪含量40%／打發至7分）……100g
*所有材料恢復至室溫。

椰奶慕斯

A 精白砂糖*……93g
玉米澱粉*……4g
椰子果泥……213g
牛乳……129g
明膠片（用冷水泡軟）……12g
椰子利口酒（三得利「MALIBU」）……29g
鮮奶油（乳脂肪含量38%／7分發，冷卻）……426g
*混合。

白巧克力鏡面淋醬

牛乳……365g
水飴……56g
明膠片（用冷水泡軟）……12g
A 白巧克力（Valrhona「IVOIRE」）……226g
淋醬巧克力（白）……291g
鏡面果膠……314g

組合、裝飾

椰子細粉*……適量
糖粉……適量
輕奶油醬……72g
*用160℃的熱對流烤箱烤7分鐘，增添香氣，以不染上烤色為原則。

製作方法

酥餅碎

1. 把所有材料放進食物處理機裡面攪拌。
2. 在冰箱裡面放置一晚，用鐵網過濾成較細的鬆散狀。
3. 把直徑7cm的法式塔圈排放在舖有透氣烤盤墊的烤盤上面，每個塔圈分別放進22g的材料，一邊輕壓，將材料平鋪至塔圈邊緣，用170℃的熱對流烤箱烤15分鐘。

彼士裘伊蛋糕體

1. 把全蛋放進攪拌盆，用打蛋器打散，加入A材料，用中速攪拌。進一步加入溫熱的鮮奶油攪拌。
2. 製作蛋白霜。把B材料放進另一個攪拌盆，打發至勾角挺立的狀態。
3. 把2的材料倒進1的攪拌盆裡面，用橡膠刮刀劃切混拌。
4. 倒進烤盤內，抹平，用上火、下火皆為210℃的櫃式烤爐烤14分鐘。熱度消退後，用直徑6cm的切模壓切脫模。

香煎蘋果

1. 把蘋果和A材料放進鋼盆裡，確實混拌均勻。
2. 把奶油放進用中火加熱的平底鍋，奶油融化後，倒入1的材料。改用大火，用橡膠刮刀混拌，使水分揮發。
3. 響起滋滋聲響，整體開始產生黏稠度之後，倒入白蘭地，讓白蘭地裹滿整體。稍微加熱，使酒精揮發，關火。

4. 倒進鋼盆裡，熱度消退後，分別將18g放進直徑5cm的半球形矽膠模型裡面，放進－7℃的冷凍庫冷卻凝固。

酪梨蘋果慕斯

1 把A材料放進筒狀的容器裡面，用手持攪拌器持續攪拌至黏稠膏狀，倒進鋼盆裡。

2 把用冷水泡軟的明膠片放進另一個鋼盆，加入少量的1的材料，用微波爐加熱，使明膠片融解。接著，將其倒進1的鋼盆裡面，讓鋼盆的底部接觸冰水，一邊持續攪拌至柔滑狀態。

3 加入打發至7分發的鮮奶油，用打蛋器稍微混拌後，用橡膠刮刀劃切混拌，避免擠壓到氣泡。

4 擠花袋裝上口徑12mm的圓形花嘴，將3的材料裝進擠花袋，然後分別擠30g到裝有冷卻凝固的香煎蘋果的矽膠模型裡面。在工作台上輕輕拍打，排出材料內的多餘空氣，放進－30℃的急速冷凍機冷卻凝固。

椰奶慕斯

1 把A材料放進鍋裡，開大火加熱，用橡膠刮刀混拌。沸騰後，關火，加入用冷水泡軟的明膠片融解。

2 把1的材料倒進鋼盆，讓鋼盆底部接觸冰水，用橡膠刮刀一邊攪拌，使材料持續冷卻至20℃。產生稠度後，加入椰子利口酒混拌。

3 用打蛋器把打至7分發的鮮奶油打發至勾角挺立的狀態。

4 把3的一半份量倒進2的鋼盆裡，用打蛋器以由底往上撈的方式混拌。加入3剩餘的材料，用橡膠刮刀輕柔混拌，避免產生過大的氣泡，使質地呈現柔滑狀態。

白巧克力鏡面淋醬

1 把牛乳和水飴放進鍋裡，開火煮沸。關火，放進用冷水泡軟的明膠片，用橡膠刮刀攪拌融解。

2 把A材料放進鋼盆，趁1材料還溫熱的時候，用橡膠刮刀混拌。使用前，將溫度調整至33℃。

組合、裝飾

1 把椰奶慕斯放進裝有口徑12mm的圓形花嘴的擠花袋，擠到直徑7cm的半球形矽膠模型裡面，約擠至一半高度。

2 添加了香煎蘋果的酪梨蘋果慕斯，平坦面朝上，稍微輕壓進模型裡面。

3 在*2*的酪梨蘋果慕斯上面擠上適量的椰奶慕斯（和*1*的椰奶慕斯合計約37g左右），杏仁彼士裘伊蛋糕體的烤面朝下，重疊在上方，輕輕壓入。

4 把塑膠膜蓋在*3*的上面，重疊上板子，翻面，讓黏著面呈現平坦。再次翻面，拿掉板子，在－30℃的急速冷凍機裡面放置1小時。

5 把*4*的半成品從急速冷凍機裡面取出，脫模後，杏仁彼士裘伊蛋糕體朝下，放置在放有鐵網的調理盤上面。用填餡器淋上調整成33℃的白巧克力鏡面淋醬，讓多餘的部分滴落。

6 均勻撒滿椰子細粉，再用濾茶器篩上糖粉。

7 在酥餅碎的中央擠上少量的輕奶油醬，再把*6*的半成品重疊在上方。

Ma chérie（親愛的）

レタンプリュス
Les Temps Plus

覆盆子
覆盆子香緹鮮奶油
紅醋栗
莓果巧克力慕斯
紅桃、酸櫻桃、覆盆子的奶油醬
覆盆子果凍
彼士裘伊蛋糕體

Les Temps Plus
Maison fondée en 2012

— 玫瑰花瓣

覆盆子淋醬

放進嘴裡的瞬間，淋醬和香緹鮮奶油散發出覆盆子的酸味和香氣。覆盆子和酸櫻桃果泥、使用覆盆子風味的調溫巧克力「奇想覆盆子（Inspiration Framboise）」（Valrhona），風味豐富的慕斯在嘴裡柔滑融化，濃醇的紅色果實風味在嘴裡擴散。水嫩的覆盆子果凍強調出果實口感，添加了雞蛋的濃純鮮奶油，使紅色果實的餘韻持續不間斷。

Arôme（芳香）

レタンプリュス
Les Temps Plus

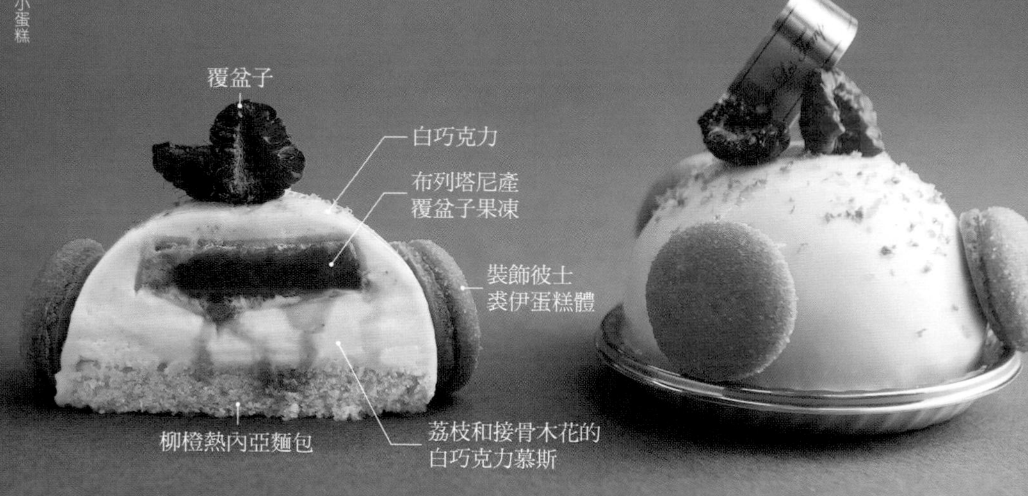
覆盆子
白巧克力
布列塔尼產
覆盆子果凍
裝飾彼士
裘伊蛋糕體
柳橙熱內亞麵包
荔枝和接骨木花的
白巧克力慕斯

Meco品種的覆盆子帶有沉穩的酸味，同時蘊含玫瑰香氣，華麗豐富的口感在放進嘴裡的瞬間擴散，充滿荔枝香氣的白巧克力留下濃郁的醇厚香甜。接骨木花的隱約香氣和荔枝的獨特風味交疊，昇華成宛如麝香葡萄般的清爽餘韻。從白巧克力裡面爆漿流出的覆盆子果凍展現出水嫩的奢華香氣。柳橙風味的熱內亞麵包有著不妨礙主角風味的清爽味道。

Vanille Fraise（香草草莓）

アツシ ハタエ
Atsushi Hatae

香草奶油醬
覆盆子
香草巴伐利亞奶油
草莓果凍
覆盆子果肉
抹上櫻桃酒
和覆盆子香甜酒糖漿的
彼士裘伊蛋糕體

草莓利用滲透壓製作成濃醇且水嫩的果凍。清爽的草莓風味和香草巴伐利亞奶油的醇厚香甜融為一體，在嘴裡擴散開來。厚度約2mm的香草奶油醬除用來填補濃郁之外，也為清爽的巴伐利亞奶油加分不少。從巴伐利亞奶油散發出的白蘭地酒等3種甜露酒，和塗抹在彼士裘伊蛋糕體上的2種甜露酒帶來奢華印象，將草莓的香氣推至頂端。覆盆子的酸味在隱約模糊的整體味道中顯得格外清新。

AYA（綾）

パティスリー マサキ
Pâtisserie MASAKI

MASAKI
蜜漬覆盆子
金箔
香緹鮮奶油
添加萊姆皮的
覆盆子
和紅醋栗慕斯
紅寶石淋醬巧克力
達克瓦茲蛋糕
草莓和紅醋栗的奶油醬

添加了萊姆皮的2種莓果慕斯釋放出清新的酸味和微苦的清爽萊姆香氣，和乳香濃郁的香緹鮮奶油相互輝映，營造出香醇濃郁的印象。紅醋栗奶油醬的鮮明酸味包裹著草莓的清爽甜味。充滿果實風味的覆盆子，因為濃郁的蜂蜜而顯得更有層次。鬆軟綿厚的達克瓦茲蛋糕帶來大量的滿足感，萊姆的新鮮風味帶來清爽香氣的清新餘韻。

柳橙 × 檸檬 × 德國洋甘菊

Flotter（漂浮）

パティスリー モデスト
Pâtisserie Modeste

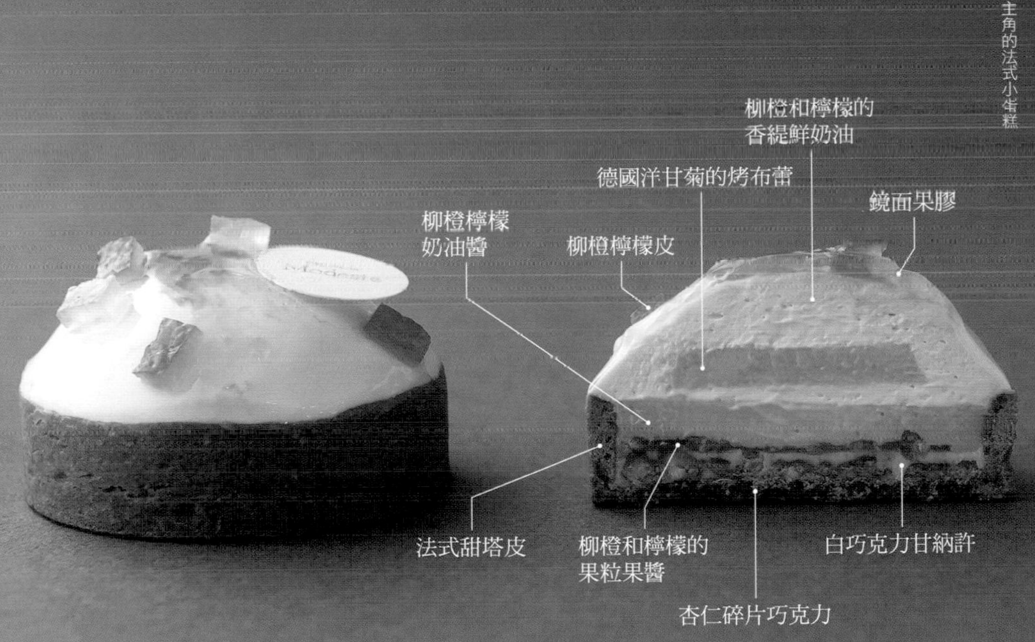
柳橙和檸檬的
香緹鮮奶油
德國洋甘菊的烤布蕾
鏡面果膠
柳橙檸檬
奶油醬
柳橙檸檬皮
法式甜塔皮
柳橙和檸檬的
果粒果醬
白巧克力甘納許
杏仁碎片巧克力

奶油醬輕盈柔滑、入口即化的同時，柳橙和檸檬的清爽甜味和酸味在嘴裡擴散，烤布蕾的微甜口感，交織著德國洋甘菊的清淡香氣，孕育出更具層次的風味。把柳橙和檸檬的風味濃縮在一起，巧妙運用微苦滋味的果粒果醬，讓柑橘印象更顯強烈，再進一步利用柔和甜味的白巧克力甘納許增添厚重感與滿足感。塔皮和杏仁碎片巧克力的奶油香氣和杏仁的芳香、酥脆口感，也令人嘖嘖稱奇。

柚子

パティスリー エスリエール
Pâtisserie sLier

義式蛋白霜
糖漬柚子皮
糖漬柚子
柚子慕斯
堅果糖碎粒
榛果堅果糖慕斯

充滿鮮明柚子香氣和酸味的柚子慕斯和榛果堅果糖慕斯，採用5比4的比例，讓堅果糖的風味更加鮮明，同時再藉由自製堅果糖的酥脆口感和細蔗糖的濃郁甜味，勾勒出柚子的美妙風味。糖漬柚子皮和添加了檸檬汁的糖漬柚子增添清爽的柚子風味，蛋白霜的強烈甜味與柚子的酸味形成強烈對比。堅果糖碎粒的酥脆口感也是另一種樂趣。

黑醋栗蛋白霜

マビッシュ
ma biche

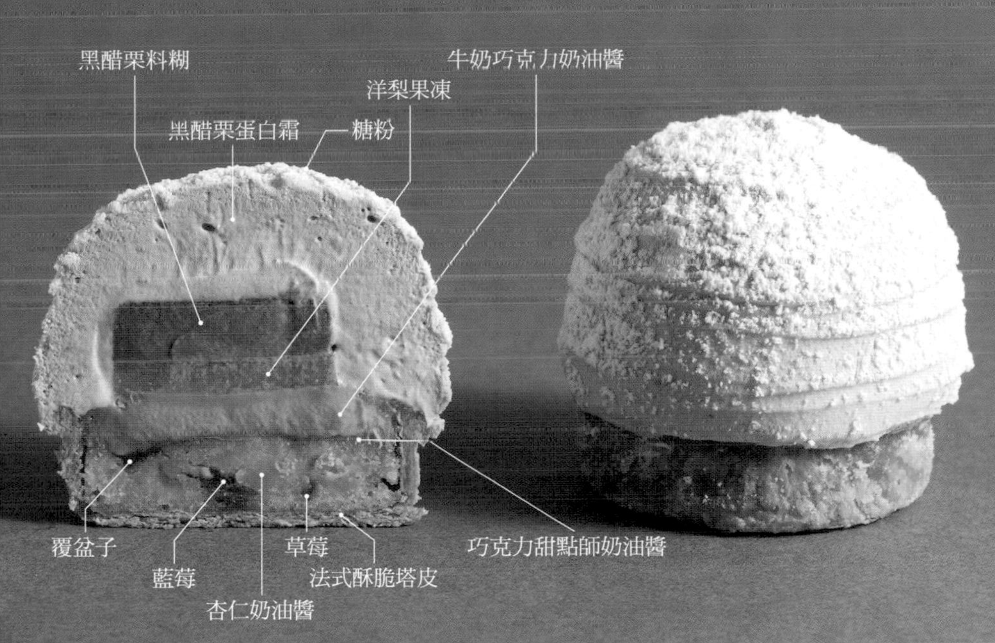
黑醋栗料糊
牛奶巧克力奶油醬
洋梨果凍
黑醋栗蛋白霜
糖粉
覆盆子
草莓
巧克力甜點師奶油醬
藍莓
法式酥脆塔皮
杏仁奶油醬

鬆軟綿密的蛋白霜和濃郁的料糊，以不同的速度在嘴裡融化，黑醋栗的風味慢慢擴散，口感獨特的洋梨果凍，富含沉穩的酸味和高雅的甜味。用可可含量40%的「JIVARA LACTEE」和含量66%的「CARAIBE」（兩者皆為Valrhona）2種巧克力製成的奶油醬，增添濃郁和甜味。富含奶油的法式酥脆塔皮空烤之後，趁熱填入濃郁的杏仁奶油醬和3種酸甜滋味的莓果，然後再稍微烘烤，製作出入口即化的口感。

Rayon（嫘縈）

パティスリー モデスト
Pâtisserie Modeste

Pâtisserie
Modeste
香緹鮮奶油
白胡椒
洋梨醬
洋梨慕斯
覆盆子
彼士裘伊蛋糕體

完美展現擁有沉穩酸味和甜味的洋梨魅力。以柔滑、入口即化的洋梨慕斯為主體，搭配用明膠製作出比慕斯略硬的洋梨醬，強調洋梨的清淡風味，同時拉長餘韻。在慕斯裡面混入覆盆子，利用酸味鎖住洋梨的細膩味道，最後再撒上粗粒的白胡椒，稍微刺激的辛辣口感，讓洋梨的風味更加鮮明。

花飾

ロネン
ronen

香緹鮮奶油
紫蘇的花穗
紫蘇梅淋醬
紫蘇梅淡果凍
草莓慕斯
酥餅
紫蘇梅果凍
草莓醬
梅乾和草莓的
熱內亞麵包
香草烤布蕾

味道由草莓和紫蘇梅所構成。顆粒口感來自草莓印象強烈的輕盈慕斯，加上鎖住紫蘇梅風味的水嫩果凍，把酸味和甜味調和得恰到好處。熱內亞麵包使用了大量和草莓、梅子同屬薔薇科的杏仁，同時再混入用蜂蜜增添甜味的南高梅的梅乾和生的草莓，藉此與其他風味串聯，同時再搭配濃郁的烤布蕾，進一步提升滿足感。紫蘇的花穗讓紫蘇的香氣變得更加鮮明。

佛手柑 × 百香果 × 白巧克力

Jardin（庭院）

アングラン
UN GRAIN

佛手柑和百香果的
果粒果醬
白巧克力慕斯
佛手柑、百香果、
八角的果凍
開心果
蒔蘿
彼士裘伊蛋糕體
佛手柑和百香果的
奶油醬

用佛手柑和百香果的清爽風味，包裹白巧克力的溫和味道。再將可可粒浸泡在白巧克力裡面，藉此增添可可香氣，緩和奶味。帶有隱約苦味和爽快感的高知縣產佛手柑，和酸酸甜甜的百香果，2種不同的酸甜滋味，用3種不同質地組合而成，製作出奇趣風味的同時，塑造出更有層次的味道。帶有清涼感的八角香氣更是關鍵。

季節聖歐諾黑蛋糕

アツシ ハタエ
Atsushi Hatae

帶有君度橙酒香氣的
輕奶油醬
黑醋栗和薰衣草的奶油醬
黑醋栗果粒果醬
染成紫色的
酥餅碎
法式泡芙
用紅酒和香辛料
稍微醃漬的無花果

無花果的清淡風味，就用黑醋栗、紅酒、薰衣草的香氣補強。黑醋栗和薰衣草的奶油醬用白巧克力作為基底，在嘴裡慢慢融化。「黑醋栗搭配乳製品的時候，清晰的酸味就會變得更加鮮明，不過，原本的奢華香氣就會減弱」（波多江 篤甜點師），所以就特別添加了薰衣草的香氣。另外，甜點師也同時強調，「只要加上比較特別的水果，有時就能藉由相互作用，使香氣變得更加鮮明」，君度橙酒也能增添柑橘香氣。

尋寶

ロネン

ronen

法式酸奶油醬
焦糖化
醃漬鳳梨與紫蘇
法式酥脆塔皮

主角是發酵奶油醬，也就是法式酸奶油的醇厚酸味，然後再搭配帶有新鮮酸味的當季水果。2021年的夏天選用鳳梨入料。醃漬的鳳梨用萊姆汁彌補酸味，再用紫蘇增添清爽香氣。法式酸奶油的柔和濃郁，和醃漬的輕盈甜味與頂端焦糖化的濃厚甜味十分速配。連同厚烤的法式酥脆塔皮一起品嚐，口感倍增。利用難以想像內餡的簡單外型，演繹出『尋寶』般的驚艷美味。

棒果檸檬

シンフラ
Shinfula

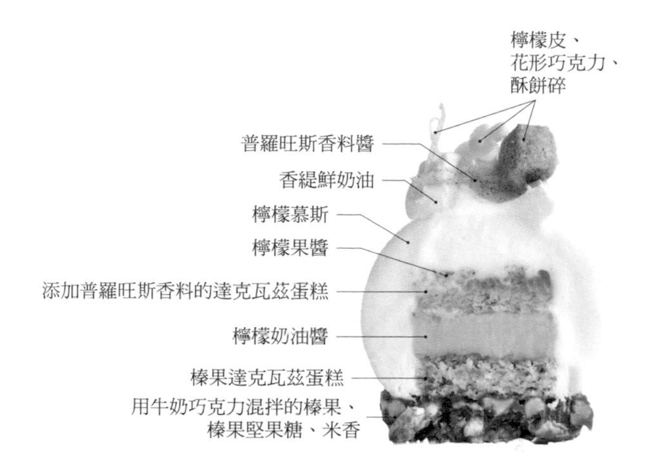
檸檬皮、
花形巧克力、
酥餅碎
普羅旺斯香料醬
香緹鮮奶油
檸檬慕斯
檸檬果醬
添加普羅旺斯香料的達克瓦茲蛋糕
檸檬奶油醬
榛果達克瓦茲蛋糕
用牛奶巧克力混拌的榛果、
榛果堅果糖、米香

檸檬分別採用輕慕斯、酸味鮮明的果醬、用雞蛋增添濃郁的奶油醬3種風味，強調清爽的香氣、濃縮的鮮味與苦味等味道。榛果搭配十分對味的巧克力，口感鬆脆，吃起來很有滿足感。南法的經典組合，就用同樣是南法的混合香草「普羅旺斯香料」增添清新感受。

Saveurs（風味）

パティスリー サヴール オン ドゥスール
PÂTISSERIE SAVEURS EN DOUCEUR

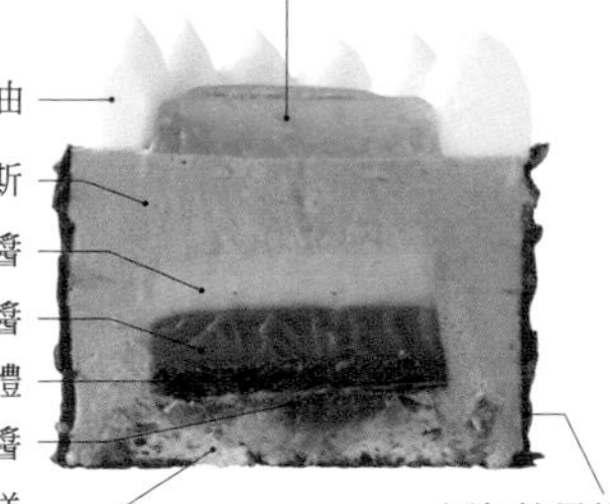
添加了濃縮柳橙皮、
使用了細蔗糖的果粒果醬
和新鮮柳橙果肉的果凍
香緹鮮奶油
橙香牛奶巧克力慕斯
柳橙奶油醬
添加了可可塊的巧克力奶油醬
抹上柳橙糖漿的巧克力彼士裘伊蛋糕體
添加柳橙皮的柳橙果粒果醬
榛果杏仁達克瓦茲蛋糕
添加榛果的
淋醬巧克力

森山康甜點師說：「柳橙是十分細膩的食材」。柳橙和巧克力的味道採用6比4的比例，以避免柳橙的味道輸給巧克力的強烈風味。在自製的柳橙果粒果醬裡面混入新鮮的果肉，然後重疊在增加口感的果凍上面，製作出輕盈的餘韻。巧克力以牛奶為基底，調和出輕盈的風味，不過，巧克力奶油醬則加上極少量的可可塊，藉此強調可可感。

香蕉×百香果×椰子

可可香蕉千層酥

アンフィニ
INFINI

椰子香緹鮮奶油
百里香
烤過的香蕉
稍微烘烤的椰粉
帶有百里香氣味的百香果醬
百香果和柳橙的希布斯特奶油醬
輕奶油醬
添加香煎香蕉和椰粉的克拉芙緹
法式甜塔皮

用百香果的清新酸味和百里香的清爽香氣，完美調和全熟香蕉的濃郁甜味和椰粉的乳香甜味。希布斯特奶油醬以百香果為主軸，再加上柳橙，使酸味更柔和。連同香蕉的黏糊口感一起，讓各個部件在入口即化的同時，又能感受的濃郁的香甜。

洋梨×杏仁奶×胡椒

杏仁洋梨

パティスリーハルミエール
Pâtisserie Halumière

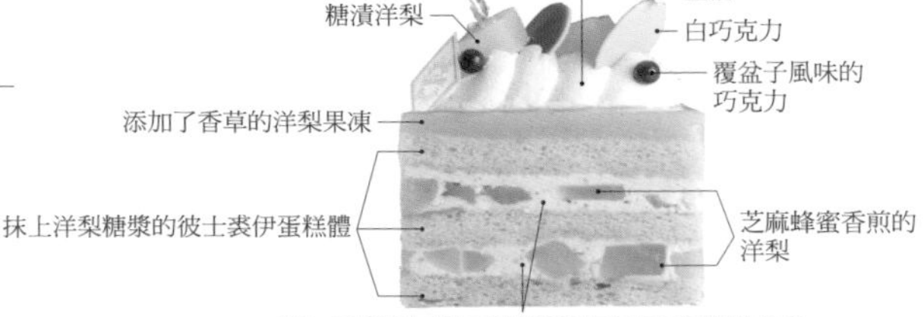
添加了香草的香緹鮮奶油
金箔
糖漬洋梨
白巧克力
覆盆子風味的巧克力
添加了香草的洋梨果凍
抹上洋梨糖漿的彼士裘伊蛋糕體
芝麻蜂蜜香煎的洋梨
添加了馬達加斯加產的黑胡椒和杏仁奶的奶油醬

把洋梨清淡、細緻的風味濃縮在一起。洋梨以糖漬、果凍、香煎的各種型態妝點在各處，在彼士裘伊蛋糕體上面抹上洋梨糖漿，誘出水果般的香氣。奶油醬裡面混入帶有輕微香氣的杏仁奶，以及驚艷香氣撲鼻的馬達加斯加產的黑胡椒，增添味道的豐富層次。

蕃茄×榛果×巧克力

Reno（雷諾）

ハノック
hannoc

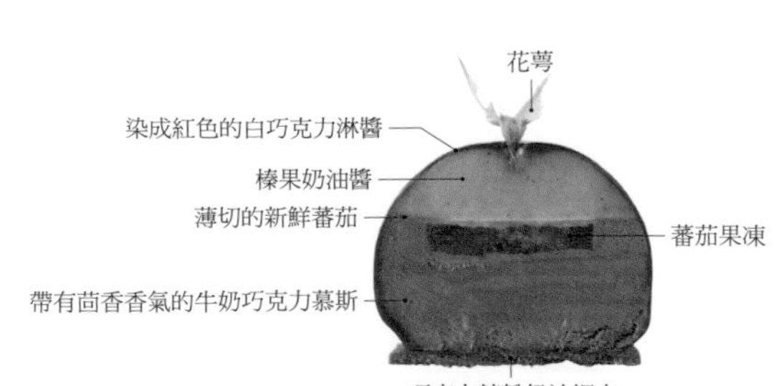
花萼
染成紅色的白巧克力淋醬
榛果奶油醬
薄切的新鮮蕃茄
蕃茄果凍
帶有茴香香氣的牛奶巧克力慕斯
巧克力糖粉奶油細末

以鮮紅熟透的蕃茄為模型，採用一看就知道主角是蕃茄的蕃茄造型設計。多汁的蕃茄果凍酸酸甜甜，和牛奶巧克力與榛果的濃郁相互輝映。薄切的蕃茄增添新鮮的酸味。微甜辛辣的茴香，讓蕃茄的味道更加鮮明。

Petits Gâteaux

2

花、香草、
香辛料、洋酒的
法式小蛋糕

fleurs, herbes, épices, alcool

洋甘菊慕斯 & 焦糖蘋果

コンフェクト・コンセプト
CONFECT CONCEPT

把「洋甘菊×牛奶」和「蘋果×焦糖」的搭配組合交互堆疊，相互襯托出彼此的存在感。洋甘菊慕斯以白巧克力甘納許為基底，加入馬斯卡彭起司，製作出濃郁且存在感十足的綿密質地。為避免焦糖的香氣凌駕於洋甘菊，只將砂糖稍微熬煮，製作出隱約的風味。夾在中間的彼士裘伊蛋糕體，抹上在牛乳中增添洋甘菊和蘋果香氣的酒糖液，表現出水嫩感。在溫和的質地中加上些許沉穩的變化，營造出令人印象深刻的美味。

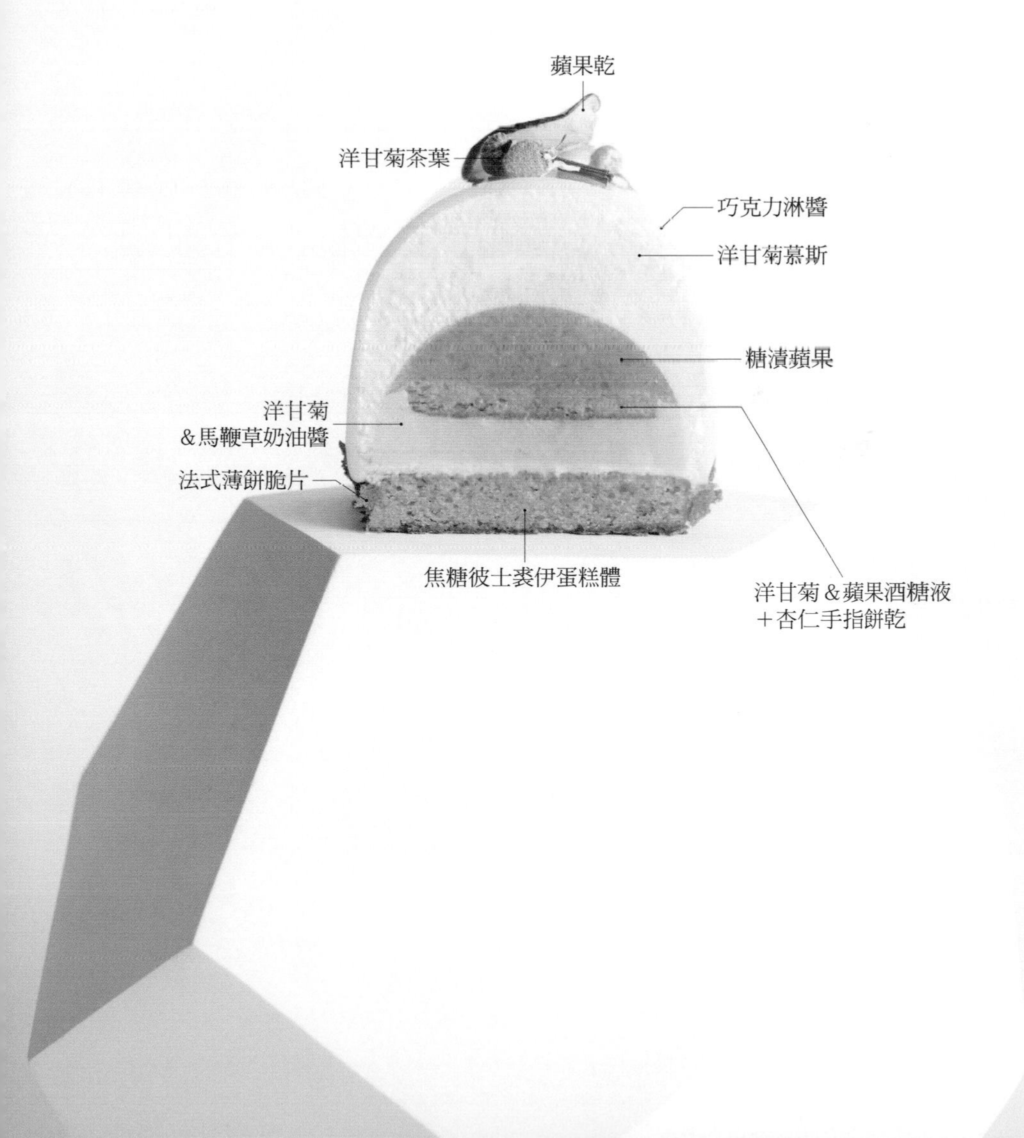
蘋果乾
洋甘菊茶葉
巧克力淋醬
洋甘菊慕斯
糖漬蘋果
洋甘菊
&馬鞭草奶油醬
法式薄餅脆片
焦糖彼士裘伊蛋糕體
洋甘菊&蘋果酒糖液
+杏仁手指餅乾

材料

（53×5.5cm×深4cm的圓柱吐司模具2個，約22個）

焦糖彼士裘伊蛋糕體

（60×40cm的烤盤1個／約7模具份量）

鮮奶油（乳脂肪含量35%）……67.5g
洋甘菊茶的茶葉（粉末）……10g
精白砂糖……180g
融化奶油……120g
全蛋……225g
糖漬蘋果的果泥
（BROVER「Compote de Pommes Extra 38%」）……60g
杏仁粉（西西里島產）……180g
蛋白……90g
海藻糖……30g
法國麵包用粉（日清製粉「LYS D'OR」／過篩）……120g

杏仁手指餅乾

（60×40cm的烤盤1個／約10模具份量）

蛋黃……160g
蛋白……220g
精白砂糖……140g
法國麵包用粉（NIPPN「Genie」）*……45g
杏仁粉（西西里島產）*……75g
*分別過篩，混合。

洋甘菊＆蘋果酒糖液

（容易製作的份量）

洋甘菊茶的茶葉……1g
水……10g
蘋果……1個
牛乳……200g
三溫糖……30g

糖漬蘋果（約2模具份量）

精白砂糖A……70g
蘋果果泥（選擇津輕、秋富士等皮香強烈的品種，去除果核、種籽，在帶皮狀態下，用食物處理機攪拌成果泥）……270g
糖漬蘋果的果泥
（BROVER「Compote de Pommes Extra 38%」）……270g
檸檬汁……15g
精白砂糖B*……20g
果膠*……2.1g
玉米澱粉*……9g
明膠片（用冷水泡軟）……3.6g
奶油（切成細碎，冷卻）……60g
*混合。

洋甘菊＆馬鞭草奶油醬

（約2模具份量）

洋甘菊茶的茶葉……4g
馬鞭草茶的茶葉……1g
水……50g
牛乳……150g
鮮奶油（乳脂肪含量35%）……150g
加糖蛋黃（加糖20%）……150g
精白砂糖……25g
明膠片（用冷水泡軟）……4g
白巧克力（Cacao Barry「Zéphyr」）*……20g
糖漬蘋果的果泥
（BROVER「Compote de Pommes Extra 38%」）……80g
*融化後，調溫至40℃。

洋甘菊慕斯（約3模具份量）

洋甘菊的茶葉……2g
水……20g
鮮奶油A（乳脂肪含量42%）……70g
牛乳……20g
明膠片（用冷水泡軟）……9g
白巧克力（Cacao Barry「Zéphyr」）*1……175g
馬斯卡彭起司……120g
蘋果果泥（選擇津輕、秋富士等皮香強烈的品種，去除果核、種籽，在帶皮狀態下，用食物處理機攪拌成果泥）……80g
炸彈麵糊
蛋黃……90g
全蛋……30g
精白砂糖　110g
水……30g
鮮奶油B（乳脂肪含量35%）*2……360g

*1 融化後，調溫至40℃。
*2 確實打入空氣，打發至略硬程度，冷卻。

巧克力淋醬（容易製作的份量）

水……30g
精白砂糖……60g
水飴（林原「Hallodex」）……60g
煉乳……40g
明膠片（用冷水泡軟）……4g
白巧克力（Cacao Barry「Zéphyr」／切碎）……60g
鏡面果膠……75g

裝飾

巧克力淋醬……適量
法式薄餅脆片……適量
洋甘菊的茶葉……適量
蘋果乾*……適量

*蘋果在帶皮狀態下切成厚度2mm左右的薄片，用500W的微波爐加熱1分鐘，鎖色後，用70℃的熱對流烤箱烤至乾燥程度。

製作方法

焦糖彼士裘伊蛋糕體

1 把鮮奶油放進鍋裡，開中火加熱，在即將沸騰之前關火，倒入洋甘菊茶的茶葉，蓋上鍋蓋，靜置5分鐘，萃取出味道和香氣。

2 把精白砂糖放進另一個鍋子，開大火加熱。冒出細緻氣泡，產生淡淡的顏色後，把鍋子從火爐上移開，把1的材料，連同茶葉一起慢慢倒進鍋裡混合。加入融解奶油，製作焦糖。

3 把全蛋、糖漬蘋果的果泥、杏仁粉放進攪拌盆，一邊隔水加熱，一邊用打蛋器混拌。加熱至40℃後，用裝有攪拌器的高速攪拌機攪拌。

4 確實打發至泛白後，從攪拌機上移開，把2的材料倒入，用橡膠刮刀混拌。

5 把蛋白和海藻糖放進另一個鋼盆，用攪拌機打發，製作蛋白霜。

6 把5的蛋白霜分多次倒進4的鋼盆裡面，每加入一次材料，就用橡膠刮刀劃切均勻，再加入下一次的材料。加入過篩的法國麵包用粉，粗略混拌。

7 倒進鋪有烘焙紙的烤盤，將表面抹平，用擋板半開的170℃的熱對流烤箱烤18分鐘。

8 在室溫下放涼，切成53×5.5cm。當成底層麵團使用。

杏仁手指餅乾

1 把蛋黃放進鋼盆，用打蛋器打散。

2 把蛋白放進攪拌盆，逐次少量地加入精白砂糖，一邊打發。停止加入精白砂糖後，確實打發，製作出勾角挺立的細緻蛋白霜。

3 把2的蛋白霜從攪拌機上移開，倒進1的鋼盆裡面，用橡膠刮刀確實混拌。

4 把過篩混合的法國麵包用粉和杏仁粉過篩加入，粗略混拌。

5 倒進舖有烘焙紙的烤盤，將表面抹平，用擋板半開的180℃的熱對流烤箱烤8分鐘。

6 在室溫下放涼，切成53×4cm。當成中層麵團使用。

洋甘菊＆蘋果酒糖液

1 把洋甘菊茶的茶葉和水放進耐熱容器，覆蓋保鮮膜，放進微波爐。用500W加熱約20秒，使材料呈現輕微悶蒸狀態。

2 蘋果去除果核和種籽，連同果皮一起切成厚度5mm的薄片後，再隨機切成小塊。

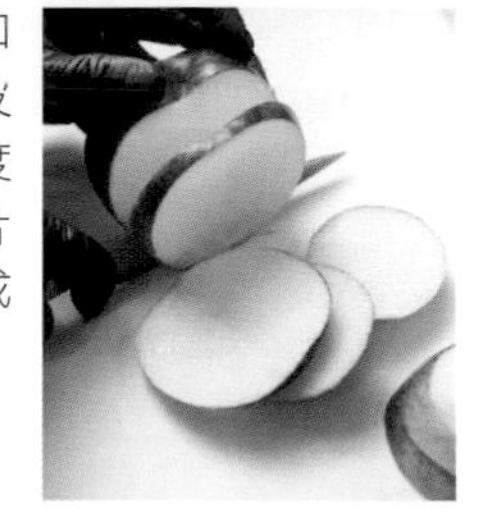

3 把牛乳和三溫糖、2的蘋果放進鍋裡，開大火加熱。

4 煮沸後，關火，把1的材料倒入，蓋上鍋蓋，放置15分鐘，萃取出風味。

5 用錐形篩一邊過濾到鋼盆裡面。用橡膠刮刀確實按壓蘋果和茶葉，萃取出精華。

6 用刷毛把5的酒糖液（20g）塗抹在焦糖彼士裘伊蛋糕體的烤面。使整體呈現濕潤程度即可。

7 用刷毛把5的酒糖液（70g）塗抹在杏仁手指餅乾的烤面。

8 為了使作業更加容易，在使用之前，可以先把2片麵團放進冷凍庫冷卻。

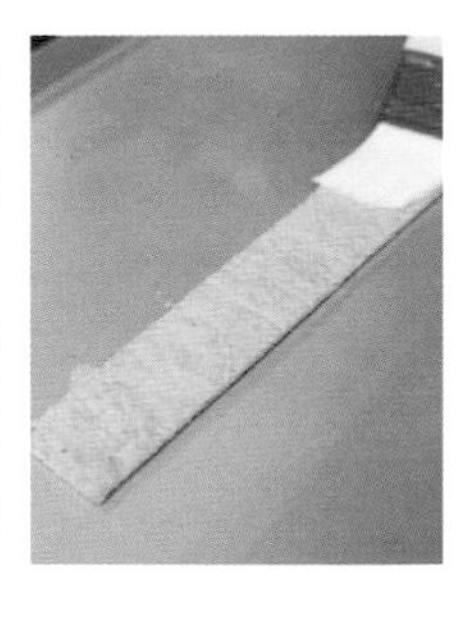

糖漬蘋果

1 把精白砂糖A放進鍋裡，開大火加熱。冒出細小氣泡，產生淡淡的焦糖色之後，把鍋子從火爐上移開。

2 加入蘋果果泥、糖漬蘋果的果泥、檸檬汁，混拌至均勻狀態。

3 加入混合好的精白砂糖B和果膠、玉米澱粉混拌。

4 開中火加熱，用打蛋器不斷攪拌，一邊注意避免結塊，一邊烹煮2～3分鐘，產生稠度之後，把鍋子從火爐上移開。倒進鋼盆，加入用冷水泡軟的明膠片，混拌融解。

5 讓鋼盆的底部接觸冰水，使材料冷卻至40℃。加入奶油，用手持攪拌器攪拌，讓材料乳化。

6 把材料裝進擠花袋，剪掉擠花袋的前端，分別將280g的材料擠進53×5.5×深度4cm的圓柱吐司模具裡面，用切麵刀將表面抹平。

7 把預先冷凍的杏仁手指餅乾，抹有酒糖液的那一面朝下入模，用手稍微輕壓，放進冷凍庫冷卻凝固。

洋甘菊＆馬鞭草奶油醬

1 把洋甘菊茶和馬鞭草茶的茶葉和水放進耐熱容器，覆蓋上保鮮膜，用500W的微波爐加熱20秒左右，使材料呈現稍微悶蒸的狀態。

2 把牛乳和鮮奶油放進鍋裡，開大火加熱，沸騰後，加入1的材料，關火。蓋上鍋蓋，放置15分鐘，萃取出味道和香氣。

3 把加糖蛋黃和精白砂糖放進鋼盆，用打蛋器搓磨混拌。把2的部分材料用錐形篩過濾到鋼盆，融解混拌，再將其倒回2的鍋子裡面，開中火加熱。一邊用木鏟持續不斷地刮底攪拌，避免材料焦黑，持續加熱至82℃，製作安格列斯醬。

4 把鍋子從火爐上移開，加入用冷水泡軟的明膠片，混合融解。

5 把調溫至40℃的白巧克力放進鋼盆，一邊過濾4的材料，少量逐次加入鋼盆，用打蛋器混拌，讓材料乳化。

6 讓鋼盆的底部接觸冰水，一邊混拌冷卻至30℃。加入糖漬蘋果的果泥，用手持攪拌器攪拌至柔滑狀態。

組合1

1 把洋甘菊＆馬鞭草奶油醬裝進擠花袋，將擠花袋的前端剪開。把230g的奶油醬擠進前面已經重疊裝入糖漬蘋果和杏仁手指餅乾，在冷凍庫裡面冷凍的模型裡面。

2 將表面抹平，放進冷凍庫確實冷凍，直到中央部分冷卻凝固。持續冷凍，直到凝固脫模使用為止。

洋甘菊慕斯

1. 把洋甘菊茶的茶葉和水放進耐熱容器，用500W的微波爐加熱20秒左右，使材料呈現稍微悶蒸的狀態。
2. 把鮮奶油*A*和牛乳放進鍋裡，開大火加熱，沸騰後，倒進*1*的材料，關火。蓋上鍋蓋，放置15分鐘，萃取出味道和香氣。
3. 用錐形篩過濾到鋼盆，加入用冷水泡軟的明膠片混拌融解。
4. 分次加入調溫至40℃的白巧克力，一邊用打蛋器混拌，材料呈現柔滑狀態後，用手持攪拌器攪拌，讓材料乳化。
5. 讓鋼盆的底部接觸冰水，一邊用橡膠刮刀混拌，直到材料冷卻至30℃。加入馬斯卡彭起司和蘋果果泥混拌。直接放置在室溫下。
6. 製作炸彈麵糊。把蛋黃、全蛋、精白砂糖、水放進鋼盆，隔水加熱，用打蛋器一邊打發加熱至70℃。
7. 倒進預先溫熱的攪拌盆，用高速的攪拌機打發。打發至材料泛白後，切換成中速，持續攪拌至30℃。
8. 把*7*的材料（約27～30℃）倒進*5*的鋼盆（約22℃）裡面，用橡膠刮刀混拌。分2、3次加入打發至略硬程度的鮮奶油*B*（約13℃）。劃切混拌，避免壓破氣泡。

組合2

1. 把洋甘菊慕斯放進擠花袋，將擠花袋的前端剪開，將360g的材料擠進另一個53×5.5×深度4cm的圓柱吐司模具裡面。

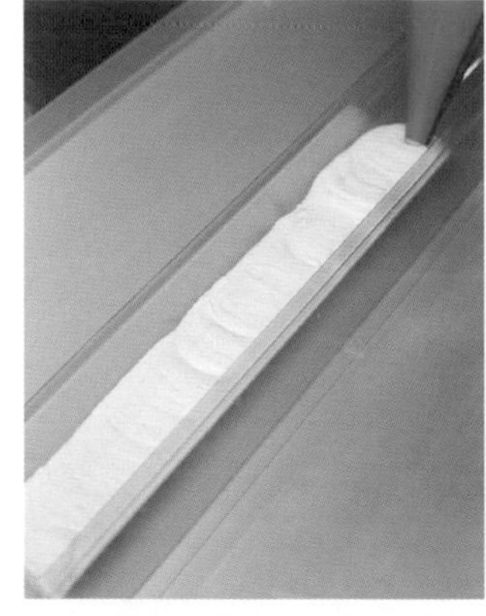

2. 用切麵刀往長邊的邊緣，將慕斯往上抹。

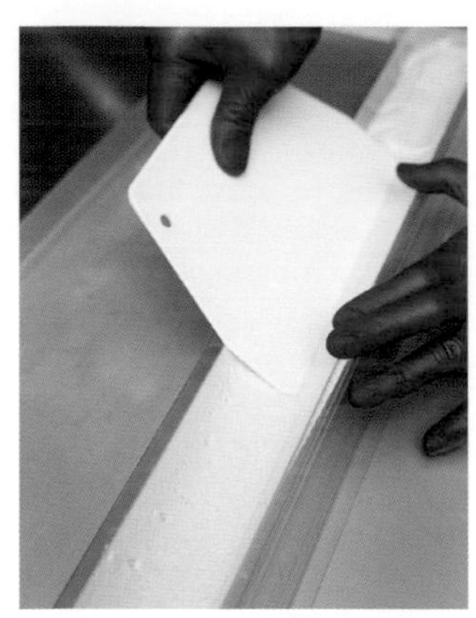

3. 組合*1*跟組合*2*的材料，讓糖漬蘋果朝下，放進*2*的模具裡面。

4 用手稍微輕壓，讓材料黏著，把40～60g的洋甘菊慕斯擠在上面。用抹刀大面積地抹平，覆蓋可見的奶油醬。

5 讓焦糖彼士裘伊蛋糕體抹有酒糖液的烤面朝下，重疊在上方，使材料平貼。放進冷凍庫冷卻凝固。

巧克力淋醬

1 把水、精白砂糖、水飴放進鍋裡，用大火煮沸。把鍋子從火爐上移開，加入煉乳、用冷水泡軟的明膠片混拌，倒進裝有白巧克力碎片的鋼盆，用橡膠刮刀攪拌。

2 加入鏡面果膠混拌，用手持攪拌器攪拌，讓材料乳化。熱度消退後，蓋上保鮮膜，緊密貼附表面，在冰箱內放置一晚。

裝飾

1 把組合*2*的*5*脫模，焦糖彼士裘伊蛋糕體朝下放置，放進冰箱。

2 巧克力淋醬隔水加熱融解，直到材料呈現柔滑狀態，將溫度調整至35～40℃。

3 把*1*的材料放在下面有托盤的鐵網上面，用湯杓撈取*2*的淋醬，從上方澆淋整體，讓多餘的材料滴落。讓底部沾上法式薄餅脆片後，放進冷凍庫，使淋醬冷卻凝固。

4 用刀子切成4.5cm的寬度（1模具約分切成11個），再裝飾上洋甘菊茶的茶葉和蘋果乾。

茴香×檸檬

Fennel（茴香）

トレカルム
TRÈS CALME

檸檬香緹鮮奶油
淋醬巧克力
茴香奶油醬
檸檬甘納許
法式甜塔皮

靈感來自在義式餐廳享用，搭配醃鮭魚一起上桌的茴香（法語為Fenouil）和檸檬。帶有茴香特有香甜的茴香奶油醬，以安格列斯醬為基底，口感柔滑，在嘴裡融化之後的檸檬水嫩風味，讓茴香的隱約苦味轉變成清爽印象。從酥脆的法式甜塔皮之間流出的檸檬甘納許，醇厚的乳香重疊在茴香的餘韻上面，使整體的味道更顯一致。

材料（30個）

法式甜塔皮（18×9cm，25片）

奶油（膏狀）……300g
糖粉……200g
鹽巴……5g
全蛋（恢復至室溫，打散）……150g
杏仁粉*……80g
低筋麵粉*……500g
*分別過篩後，混合。

檸檬蛋白霜餅乾（50個）

蛋白……100g
精白砂糖……200g
檸檬油……20g
檸檬皮（瀨戶內產／碎屑）……2g
茴香籽……8g
糖粉……40g
維他命C……5g

檸檬甘納許

（18×9×高2cm的方形模5個）

鮮奶油（乳脂肪含量35%）……150g
檸檬皮（瀨戶內產／碎屑）……2g
白巧克力（Cacao Barry「Zéphyr」）……270g

茴香奶油醬

（18×9×高2cm的方形模5個）

鮮奶油（乳脂肪含量35%）……500g
牛乳……100g
檸檬皮（瀨戶內產／碎屑）……12g
茴香籽……30g
蛋黃……120g
精白砂糖……120g
明膠片（用冷水泡軟）……9g

檸檬香緹鮮奶油

（18×9×高2cm的方形模5個）

鮮奶油（乳脂肪含量35%）……250g
蜂蜜（相思樹）……25g
檸檬皮（瀨戶內產／碎屑）……5g
白巧克力（Valrhona「IVOIRE」）……80g

淋醬巧克力

（18×9×高2cm的方形模5個）

黃金巧克力（Callebaut「Chocolat Gold」）……100g
法式淋醬巧克力（Cacao Barry「IVOIRE」）……200g
芝麻油（竹本油脂「太白胡麻油」）……50g
杏仁碎*……35g
*用160℃的烤箱烤20分，直到染上烤色。
※把所有材料放進鋼盆，隔水加熱融解。

裝飾（1個）

巧克力工藝*……1片
金箔……適量
*白巧克力（Cacao Barry「Zéphyr」）調溫後，製成厚度0.8mm的薄片，用直徑4cm的模型壓切凝固。

製作方法

法式甜塔皮

1 把奶油、糖粉、鹽巴放進攪拌盆，用中速的拌打器持續攪拌直到呈現泛白。

2 全蛋分成多次加入，一邊攪拌。中途，把沾黏在鋼盆內側的麵糊刮下。

3 加入混合好的杏仁粉和低筋麵粉，用低速攪拌，避免粉末飛散。粉末不會發散後，切換成中速，持續攪拌直到粉末感消失。

4 為避免攪拌不均，用切麵刀從底部撈起混拌，將麵糊彙整成團。

5 用保鮮膜包起來，整成厚度3cm左右，在冰箱內放置一晚。

6 撒上手粉（份量外），用壓片機擀壓成厚度3mm的薄片，切成18×9cm。

7 排放在鋪有透氣烤盤墊的烤盤上，用160℃的熱對流烤箱烤15分鐘。出爐後，直接在室溫下冷卻。

檸檬蛋白霜餅乾

1 把蛋白和精白砂糖放進攪拌盆，隔水加熱，用打蛋器混拌加熱至50℃。

2 把1的鋼盆裝在攪拌器上面，用高速攪拌至整體呈現光澤，用拌打器撈取，呈現勾角挺立的狀態。

3 加入檸檬油、檸檬皮、茴香籽、糖粉、維他命C，用橡膠刮刀從底部往上撈，粗略混拌，調整質地。

4 裝進前端裝有六角星花嘴的擠花袋裡面，擠在鋪有透氣烤盤墊的烤盤上，擠出直徑小於3cm的玫瑰形狀。

5 用90℃的熱對流烤箱烤2小時。出爐後，直接在室溫下冷卻。

檸檬甘納許

1 把鮮奶油和檸檬皮放進鍋裡，開火加熱，沸騰後，關火。蓋上鍋蓋，放置10分鐘，萃取出檸檬香氣。

2 把白巧克力放進容器內，把1的材料倒入，用橡膠刮刀緩慢攪拌融解。

3 用手持攪拌器持續攪拌，直到呈現柔滑狀態，調整成人體肌膚的溫度。

組合1

1 把18×9×高2cm的方形模放在鋪有OPP膜的托盤裡面，放入法式甜塔皮。

2 倒入調整成人體肌膚溫度的檸檬甘納許，每個模型約倒入80g，讓甘納許從周圍往中央流動，使甘納許平均分布。

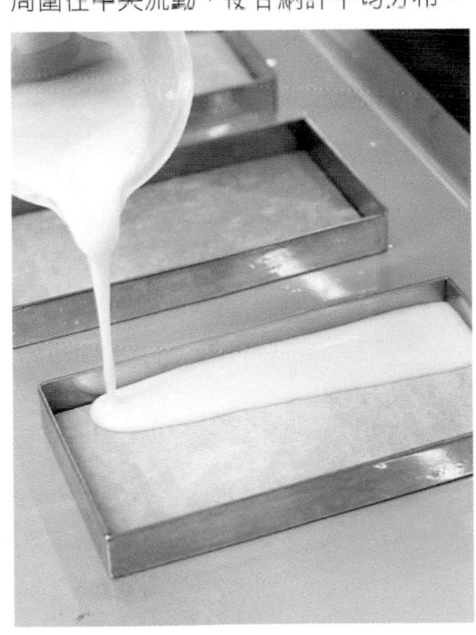

3 放進冷凍庫冷卻凝固。

茴香奶油醬

1 把鮮奶油和牛乳、檸檬皮、茴香籽放進鍋裡，開火加熱，用打蛋器混拌。沸騰後，關火，蓋上鍋蓋，放置10分鐘，萃取出檸檬和茴香的香氣。

2 把蛋黃和精白砂糖放進鋼盆，用打蛋器搓磨攪拌，直到砂糖融解均勻。

3 把**1**的材料分3、4次加入**2**的鋼盆裡面混拌。在不過濾的情況下，倒回**1**的鍋子裡，開中火加熱，用橡膠刮刀混拌，一邊加熱至82～83℃，使蛋黃熟透。

4 把鍋子從火爐上移開，加入用冷水泡軟的明膠片。用橡膠刮刀攪拌融解。

5 用錐形篩過濾到鋼盆裡面。殘留在錐形篩上面的檸檬皮和茴香籽，用橡膠刮刀確實擠壓，萃取出風味。

6 讓鋼盆的底部接觸冰水，用橡膠刮刀混拌，使材料冷卻至25～26℃，藉此增添稠度。

組合2

1 把冷卻至25～26℃的茴香奶油醬倒在組合**1**步驟**3**的上面，份量約170g，高度直到方形模的高度邊緣。放進冷凍庫，確實冷凍至中央冷凍凝固。

檸檬香緹鮮奶油

1. 把鮮奶油、蜂蜜、檸檬皮放進鍋裡，開火加熱。沸騰後，關火，蓋上鍋蓋，放置10分鐘，萃取出檸檬的香氣。
2. 把白巧克力放進鋼盆，用錐形篩把**1**的材料過濾到鋼盆。用橡膠刮刀按壓檸檬皮，充分萃取出香氣。
3. 用打蛋器混拌，使白巧克力確實融化。
4. 覆蓋保鮮膜，讓鋼盆的底部接觸冰水，消除熱度。在冰箱裡面放置一晚。

裝飾

1. 把組合2步驟**1**的方形模脫模，長邊朝向水平方向，橫放鋪有OPP膜的托盤上面，縱切成寬度3cm（1個模型約切6個）。

2. 把淋醬巧克力調溫成35℃，裝進容器裡。
3. 把小刀插進**1**的上面，放進**2**的淋醬巧克力裡面浸泡。抬起後，讓多餘的淋醬巧克力滴落，用手將法式甜塔皮的那一面輕輕抹平，讓長邊呈縱向，排列在鋪有OPP膜的托盤上。直接在室溫下，使表面凝固。

4. 用打蛋器把檸檬香緹鮮奶油打發至8分發。裝進前端裝有六角星花嘴的擠花袋裡面，從後方開始，在**3**的上面擠出2個玫瑰形狀。
5. 把檸檬蛋白霜餅乾放在上面的外側。
6. 將巧克力工藝斜插在檸檬香緹鮮奶油上面，裝飾上金箔。

威士忌×苦艾酒×酸樱桃×牛蒡茶

La reine（女王）

アン グラン
UN GRAIN

靈感來自於雞尾酒「曼哈頓」。為了抑制甜味，選擇苦艾酒來搭配用裸麥釀造而成的裸麥威士忌。長期熟成的萊姆酒和擁有獨特焙煎香味的牛蒡茶，層疊上2種帶有『乾枯感』的熟成風味，表現出更深層的味道。3種酒精主要是製成糖漬水果、甘納許和酒糖液，牛蒡茶則是搭配彼士裘伊蛋糕體，讓人可以感受到各自不同的風味。糖漬酸櫻桃加上黑醋栗的酸味，裝飾用的酸櫻桃則是運用櫻桃酒增添香氣，讓整體的味道更顯立體。

櫻桃酒漬酸櫻桃
酸櫻桃鏡面果膠
黑巧克力薄片
糖漬酸櫻桃
牛蒡茶彼士裘伊蛋糕體
曼哈頓甘納許
曼哈頓酒糖液

材料（8個）

牛蒡茶彼士裘伊蛋糕體

（60×40cm的烤盤1個）

A 蛋黃……80g
蛋白……60g
糖粉*1……100g
杏仁粉*1……100g
蛋白……200g
精白砂糖……120g
B 低筋麵粉（日清製粉「Violet」）*2……70g
牛蒡茶粉*2……18g

*1 混合過篩。
*2 混合過篩。

曼哈頓甘納許

A 鮮奶油（乳脂肪含量35%）……140g
轉化糖漿……20g
B 黑巧克力（CACAO HUNTERS「SIERRA NEVADA」／可可含量64%）*……140g
牛奶巧克力（CACAO HUNTERS「SIERRA NEVADA LECHE」／可可含量52%）*……60g
可可塊*……40g
奶油……23g
C 裸麥威士忌（三得利「JIN BEAM RYE」以下同）……10cc
萊姆酒（DILLON「TRES VIEUX RHUM V.S.O.P.」以下同）……5cc
苦艾酒（Cinzano「Extra Dry」以下同）……2cc

*各別融化後，再進一步混合。

糖漬酸櫻桃

A 酸櫻桃果泥……35g
黑醋栗果泥……15g
冷凍酸櫻桃（整顆）……220g
水……40g
B 精白砂糖……50g
果膠……0.5g
明膠片（用冷水泡軟）……6g
C 裸麥威士忌……9cc
萊姆酒……5cc
苦艾酒……2cc

曼哈頓酒糖液

A 裸麥威士忌……38cc
萊姆酒……17cc
苦艾酒……4cc
牛蒡茶粉……6g
波美30度的糖漿……112g

※把*A*混合在一起，在冰箱放置一晚，過濾後，和糖漿混合。

酸櫻桃鏡面果膠

鏡面果膠……200g
酸櫻桃果泥……25g

※鏡面果膠用微波爐加熱融解後，和酸櫻桃果泥混合。

組合、裝飾

黑巧克力薄片（切成3.5cm方形）……16片
櫻桃酒漬酸櫻桃（PEUREUX「GRIOTTINES AU KIRSCH」）……8顆
金箔……適量

製作方法

牛蒡茶彼士裘伊蛋糕體

1 把*A*材料放進攪拌盆，用攪拌器稍微混拌後，用中速的攪拌機攪拌，直到呈現泛白。

2 製作蛋白霜。把蛋白放進另一個攪拌盆，抓一撮精白砂糖（份量內）放進盆裡，用中速的攪拌器攪拌。稍微打發後，把剩餘的精白砂糖分2、3次加入，一邊攪拌。

3 把*2*的一半份量倒入*1*的攪拌盆裡，用橡膠刮刀混拌。

4 把*B*材料加入*3*的攪拌盆裡，用橡膠刮刀確實混拌。產生光澤後（照片），把*2*剩餘的材料加入，粗略地混拌。

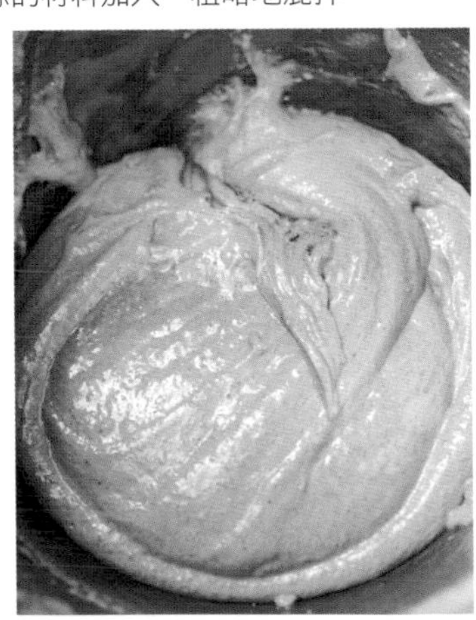

5 倒進60×40cm的烤盤內，抹平，用225℃的熱對流烤箱烤3分鐘。把烤盤的前後位置對調，再接著烤2分鐘。出爐後，在室溫下放涼，嵌入35×11cm的方形模，用小刀沿著內側側面，切割出3片份量。

曼哈頓甘納許

1 把*A*材料放進鍋裡加熱煮沸。

2 把*B*材料放進鋼盆，將*1*的材料分2次加入，每次加入材料，都要用打蛋器攪拌，讓材料乳化。在室溫下冷卻至40℃，加入奶油混拌。

3 2的材料冷卻至35℃後，加入*C*材料混拌。倒進筒狀的容器裡面，用手持攪拌器攪拌，讓材料乳化。

糖漬酸櫻桃

1 把*A*材料放進鍋裡，用中火加熱，用橡膠刮刀一邊攪拌，煮沸後，關火。

2 把*B*材料倒進1的鍋子裡，再次開中火加熱，用橡膠刮刀一邊攪拌煮沸。

3 把2的鍋子從火爐上移開，直接放涼。加入泡軟的明膠片，混拌融解。

4 倒進鋼盆，讓鋼盆底部接觸冰水，用橡膠刮刀一邊攪拌，確實冷卻後，加入*C*材料混拌。

組合、裝飾

1 把3片牛蒡茶彼士裘伊蛋糕體當中的其中1片，以烤面朝上的方式，鋪進35×11cm的方形模裡面，用毛刷抹上5分之一份量的曼哈頓酒糖液。

2 倒入一半份量的曼哈頓甘納許，用切麵刀將表面抹平。

3 第2片牛蒡茶彼士裘伊蛋糕體，以烤面朝上的方式，放置在工作台上，同樣用毛刷抹上曼哈頓酒糖液。然後以烤面朝下的方式，重疊在**2**的上方。

4 同樣用毛刷，把曼哈頓酒糖液抹在**3**的蛋糕體上面，倒入剩餘的曼哈頓甘納許，用切麵刀將表面抹平。

5 同樣用毛刷把曼哈頓酒糖液抹在最後1片牛蒡茶彼士裘伊蛋糕體上面，接著，烤面朝下，重疊在**4**的上方。

6 把剩餘的曼哈頓酒糖液，全部用毛刷抹在**5**的蛋糕體上面，從上方用手指輕壓後，放進冷凍庫冷凍。

7 倒入糖漬酸櫻桃，用橡膠刮刀攤平，避免顆粒重疊。

8 倒入酸櫻桃鏡面果膠，用橡膠刮刀攤平，使鏡面果膠均勻分佈在顆粒之間。放進冷凍庫冷卻凝固。

9 脫模，分切成4×3cm。把黑巧克力的薄片稍微錯移半貼在側面，用手指輕輕按壓。

10 把櫻桃酒漬酸櫻桃裝飾在上方，用毛刷抹上少量的酸櫻桃鏡面果膠。裝飾上金箔。

Villa（別墅）

たがやす 人形町店
Tagayasu

※此商品現已無販售

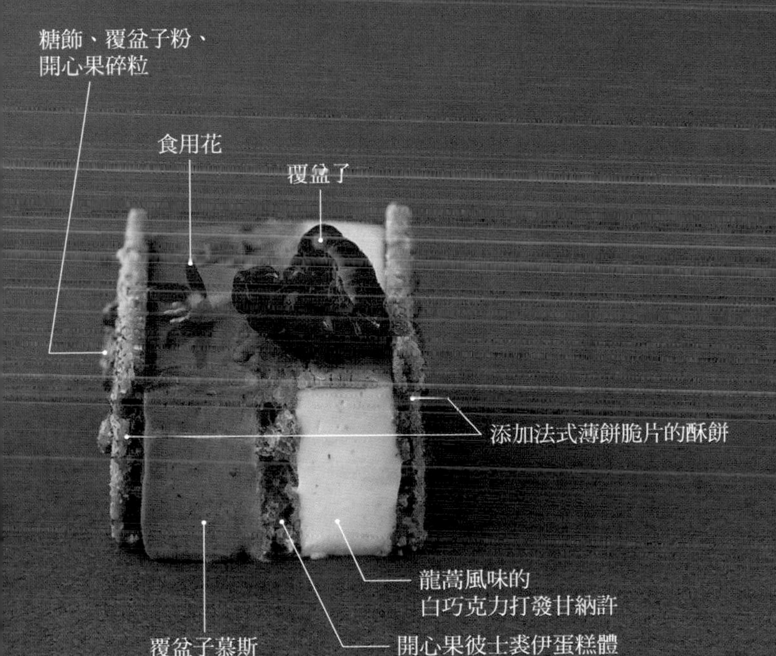
糖飾、覆盆子粉、
開心果碎粒
食用花
覆盆子
添加法式薄餅脆片的酥餅
龍蒿風味的
白巧克力打發甘納許
覆盆子慕斯
開心果彼士裘伊蛋糕體

厚度1～1.5mm的酥餅帶來短暫的酥脆之後，口感柔滑的打發甘納許隨著咀嚼，逐漸在嘴裡融化，龍蒿的微苦香辛料風味和香甜柔和的香氣瞬間竄入鼻腔。用「奇想覆盆子」（Valrhona）製作而成的覆盆子慕斯，濃醇的香氣和酸味包裹著龍蒿的強烈芳香，最後再用添加了開心果、榛果、杏仁碎粒的彼士裘伊蛋糕體，帶來深厚的濃郁美味。

紫花地丁 × 酸櫻桃 × 紅寶石巧克力

Violet（紫）

たがやす 人形町店

Tagayasu

紅寶石巧克力慕斯
紅寶石巧克力脆片
紫花地丁香氣的
酸櫻桃醬
荔枝奶油醬
天然酥餅
檸檬彼士裘伊蛋糕體

避免使用乳製品，運用讓人聯想到莓果香氣和沉穩酸味的「紅寶石巧克力」（Callebaut）製作而成的慕斯，和擁有濃郁酸味的酸櫻桃醬十分速配。酸櫻桃風味再重疊上荔枝的清爽香甜，使清爽口感更進一層。酸櫻桃醬裡面的紫花地丁香氣包覆整體，留下悠長餘韻，潛藏在彼士裘伊蛋糕體裡面，檸檬皮微苦的香氣，讓悠長殘存的紫花地丁香氣留下清爽印象。

Brandir（布蘭達）

たがやす 人形町店
Tagayasu

※此商品現已無販售

Tagayasu
金黃巧克力慕斯
金黃巧克力淋醬
「迷你巧克力脆球」
（Barry Callebaut）
焦糖慕斯
牛奶巧克力薄片
堅果糖彼士裘伊蛋糕體
帶有花山椒香氣的洋梨、荔枝、柚子的果凍

焦糖風味的金黃巧克力「Gold」（Callebaut）慕斯和柔軟的焦糖同時融化，在洋梨風味裡面加上荔枝，製作出味道層次，再加上柚子酸味的果凍在齒間演奏。果凍中飄出的花山椒和柚子的獨特香氣格外速配。切成塊狀，潛藏在果凍之中的糖漬洋梨，透過咀嚼口感拉長風味的餘韻。利用杏仁和榛果製成的堅果糖，製作出堅果濃郁的彼士裘伊蛋糕體，和隱約帶點鹹味的金黃巧克力十分契合。

番紅花焦糖慕斯

パティスリー ウサギ
pâtisserie usagi

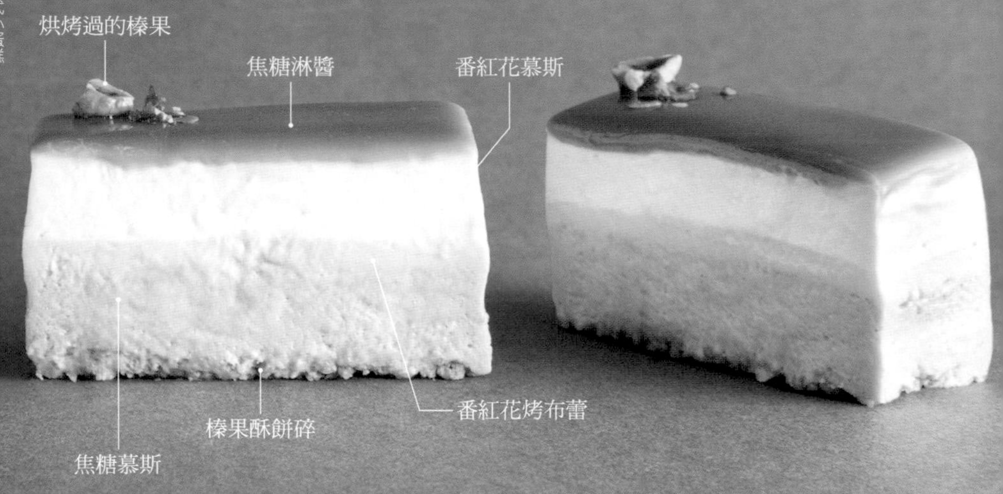
烘烤過的榛果
焦糖淋醬
番紅花慕斯
番紅花烤布蕾
榛果酥餅碎
焦糖慕斯

慕斯把明膠的份量抑制在最小限度，展現出慕斯在嘴裡細膩融化的口感。能夠感受到隱約苦味和刺激感的番紅花，散發出高雅的香氣，與焦糖的溫和甜味和苦味串聯在一起。番紅花香氣濃醇的烤布蕾，讓番紅花的風味變得更加明顯。濃稠的淋醬則是增添焦糖感。用可可脂調合的酥餅碎，藉由酥脆的咀嚼節奏增添強弱。榛果的鮮味和酥脆，使番紅花和焦糖的風味變得更加鮮明。

阿提米絲

ル マグノリア
Le Magnolier

巧克力脆片
巧克力淋醬
萊姆酒甘納許
萊姆酒烤布蕾
抹上萊姆酒的彼士裘伊蛋糕體
LM

以牛奶巧克力為基底，添加了萊姆酒的甘納許，有著入口即化的柔滑口感，牛奶巧克力的溫和風味和萊姆酒的香氣，在嘴裡瞬間擴散。讓人感受到雞蛋濃郁的萊姆酒烤布蕾，刻意調整成與甘納許相同的硬度。富含空氣，烘烤出輕盈口感的巧克力彼士裘伊蛋糕體，沾上用水稀釋的萊姆酒。用濃度各不相同的萊姆酒製作3種主要質地，加以拼湊，使香氣濃郁的萊姆酒更令人印象深刻。

香檳×黑醋栗×覆盆子

Kir（基爾）

ラヴィドゥガトー
LA VIE DE GATEAU

金箔
紅醋栗

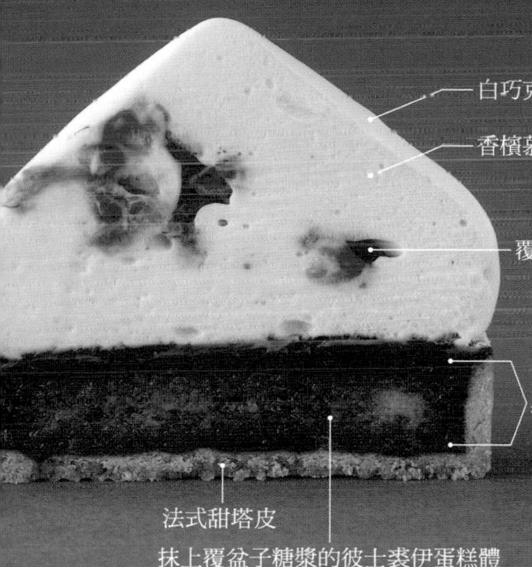
白巧克力淋醬
香檳慕斯
覆盆子
黑醋栗和紅醋栗的甘納許
法式甜塔皮
抹上覆盆子糖漿的彼士裘伊蛋糕體

以香檳和黑醋栗雞尾酒、皇家基爾為形象。以安格列斯醬為基底，口感柔滑的香檳慕斯，搭配新鮮的覆盆子，強調奢華的香氣。用黑醋栗和紅醋栗的甘納許，把滲入覆盆子糖漿，入口即化的彼士裘伊蛋糕體夾起來，讓紅色果實的酸味變得更加鮮明，使整體的味道更為紮實。空烤，將白巧克力塗抹在內側的法式甜塔皮，輕盈的口感讓其他部件的柔軟變得更加鮮明。

Héritage（遺產）

アン グラン
UN GRAIN

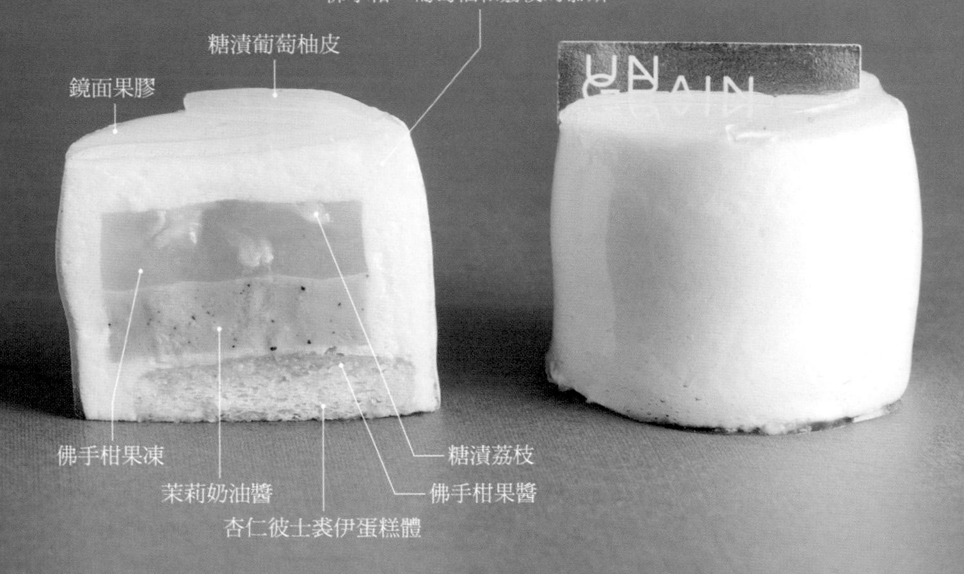
佛手柑、葡萄柚和荔枝的慕斯
糖漬葡萄柚皮
鏡面果膠
UN GRAIN
佛手柑果凍
茉莉奶油醬
杏仁彼士裘伊蛋糕體
糖漬荔枝
佛手柑果醬

把主角茉莉花和佛手柑，製作成果凍和奶油醬等，融化速度各不相同的多種質地，隱藏在清爽佛手柑後面的是，奢華的茉莉花香氣。味道充滿魅力的微苦葡萄柚，讓清爽感大幅倍增。「綻放白色小花的茉莉花，就要搭配白色的水果」（昆布智成甜點師），基於這個想法而使用荔枝甜露酒製作糖漬荔枝，製作出高雅的風味。苦味恰到好處的佛手柑果醬，讓整體的味道更有層次感。

杏桃馬卡龍

アン グラン
UN GRAIN

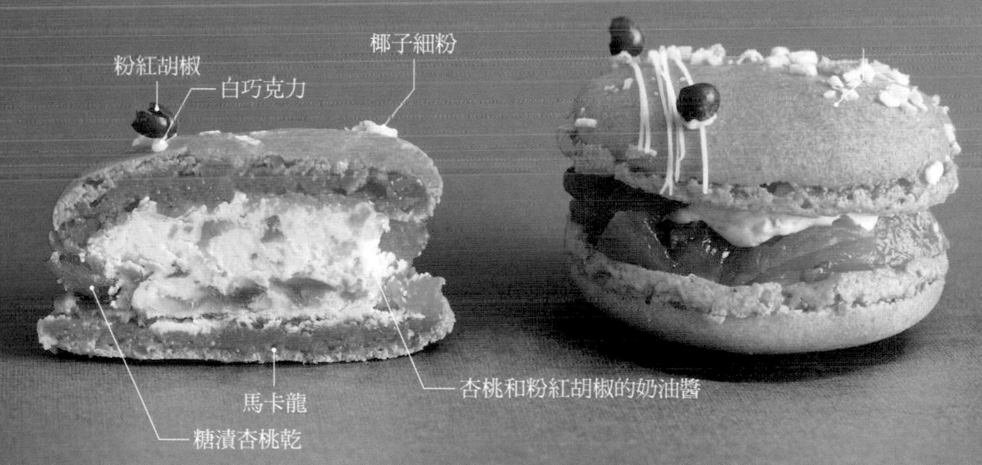
椰子細粉
粉紅胡椒
白巧克力
杏桃和粉紅胡椒的奶油醬
馬卡龍
糖漬杏桃乾

對昆布智成甜點師來說，在法國修業時期的回憶組合就是杏桃和粉紅胡椒。把這兩種素材混進奶油醬裡面，讓每一口咀嚼，都能有豐富的風味在嘴裡擴散。杏桃的酸味和粉紅胡椒的刺激，讓馬卡龍的甜味更加鮮明。「杏桃乾的醇厚甜味，和椰子的柔和風味十分契合」，使用椰子甜露酒製作成糖漬水果，增添奢華香氣。

羅勒莫西多

パティスリー ニューモラス
Pâtisserie NUMOROUS

白葡萄酒
糖漬葡萄柚
薄荷果凍
萊姆
萊姆酒（白）
羅勒和葡萄柚的慕斯
羅勒和橄欖油的果凍
添加橄欖油和萊姆皮的義式奶酪

靈感來自萊姆酒（白）×薄荷×萊姆所調製而成的「莫西多（Mojito）雞尾酒」，以及葡萄柚×伏特加×鹽巴所調製而成的「鹹狗（Salty Dog）雞尾酒」。基於「同色系食材的味道較具有親和性」的想法（大塚泰裕甜點師），而選擇搭配羅勒和橄欖油。白葡萄酒把清爽香甜和羅勒相同的葡萄柚進行糖漬，藉此增加清爽程度，就能讓氣味更加芳醇。帶有鹹味的羅勒和橄欖油的果凍，讓柑橘的香氣更鮮明。義式奶酪則用來彌補甜味和奶味。

基爾黑莓

コンフェクト・コンセプト
CONFECT CONCEPT

葡萄汁和黑莓的果凍
黑莓
葡萄
帶有瑪薩拉酒香的巴伐利亞奶油
巴巴麵糊
糖漬黑莓
帶有白葡萄酒香的黑莓與酸櫻桃的糖漿

靈感來自於在法國當地品嚐的白葡萄酒和黑莓的雞尾酒。遠藤淳史甜點師說，「白葡萄酒和黑醋栗酒調製而成的基爾酒十分有名，不過，如果用黑莓來取代黑醋栗，就能展現出香甜且奢華的風味」。用瓊脂製作而成的果凍，口感偏硬且具Q彈，黑莓的味道十分強烈。糖漿裡面添加酸櫻桃果泥，讓色澤與味道變得更加深奧。搭配白巧克力和馬斯卡彭起司，用瑪薩拉酒誘出美味。口感濃郁的巴伐利亞奶油，讓整體變得更加醇厚。

玫瑰 × 大黃根 × 覆盆子

Montélimar（蒙特利馬爾）

シンフラ
Shinfula

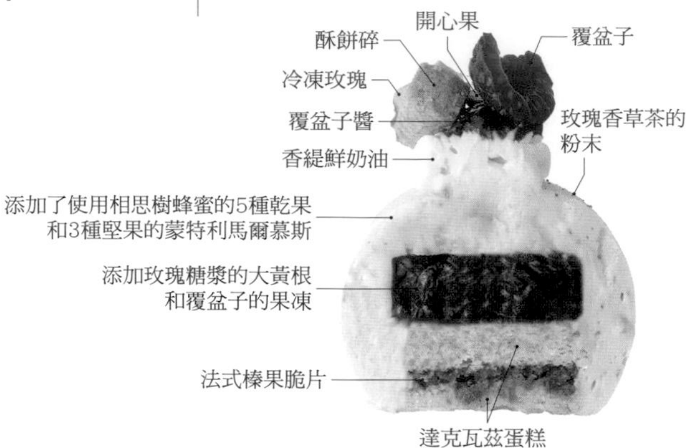

開心果
酥餅碎
覆盆子
冷凍玫瑰
覆盆子醬
玫瑰香草茶的粉末
香緹鮮奶油
添加了使用相思樹蜂蜜的5種乾果和3種堅果的蒙特利馬爾慕斯
添加玫瑰糖漿的大黃根和覆盆子的果凍
法式榛果脆片
達克瓦茲蛋糕

以蒙特利馬爾慕斯所使用的蜂蜜為起源，再以相思樹的花朵為形象。大黃根和覆盆子的酸甜果凍，加上玫瑰糖漿，高雅的香氣讓人聯想到玫瑰。最後用來裝飾的玫瑰花瓣和香草茶的粉末，同樣展現出華麗視覺。乾果濃縮的風味，讓整體的味道更具深度。達克瓦茲蛋糕、法式脆片和酥餅碎帶來滿足感。

玫瑰 × 大黃根 × 酸櫻桃

Écarlat（緋紅）

セイイチロウニシゾノ
Seiichiro,NISHIZONO

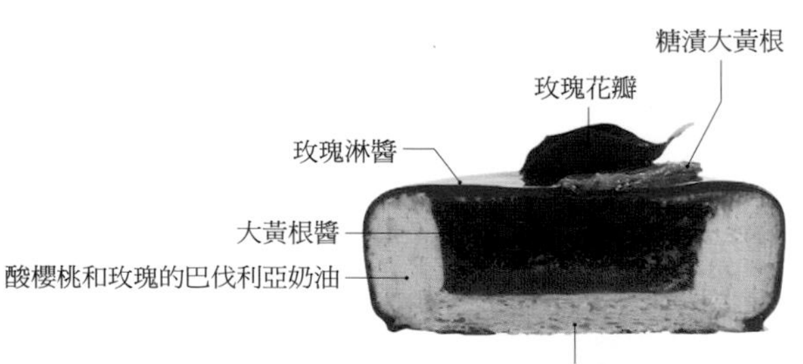

糖漬大黃根
玫瑰花瓣
玫瑰淋醬
大黃根醬
酸櫻桃和玫瑰的巴伐利亞奶油
抹上玫瑰甜露酒的彼士裘伊蛋糕體

把苦澀味僅有細微差異的玫瑰、大黃根、酸櫻桃混合在一起，製作成『成熟風味』。酸櫻桃做成巴伐利亞奶油，再加上用生的玫瑰碎花瓣製成的玫瑰醬，營造出華麗印象。大量的大黃根醬有著酸甜風味，隨著巴伐利亞奶油、淋醬、甜露酒散發出的玫瑰香氣一起殘留餘韻。讓人聯想到鮮紅玫瑰的深紅色，特別引人矚目。

玫瑰×紫花地丁×覆盆子

Eguisheim（埃吉桑）

ラマルク
LAMARCK

LAMARCK

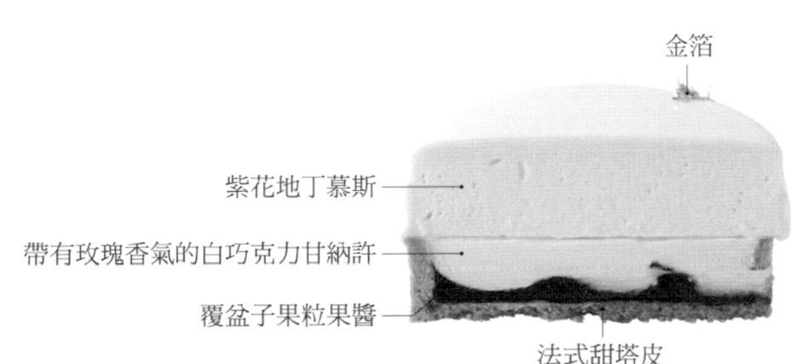
金箔
紫花地丁慕斯
帶有玫瑰香氣的白巧克力甘納許
覆盆子果粒果醬
法式甜塔皮

不論是食材搭配，或是外觀設計，全都十分簡單，不過，玫瑰和紫花地丁的香氣卻十分令人印象深刻。玫瑰就混在帶有濃厚乳香、餘韻清爽的白巧克力甘納許裡面。紫花地丁的香氣則幾乎占據慕斯的一半比例。兩種質地都刻意提高了黏性，拉長在嘴裡融化的時間，藉此實現更長的餘韻。法式甜塔皮的酥脆和覆盆子的酸甜滋味，讓整體的醇厚味道變得更加鮮明。

玫瑰×香草×草莓

Bouquet（花束）

パティスリー レセンシエル
Pâtisserie L'essentielle

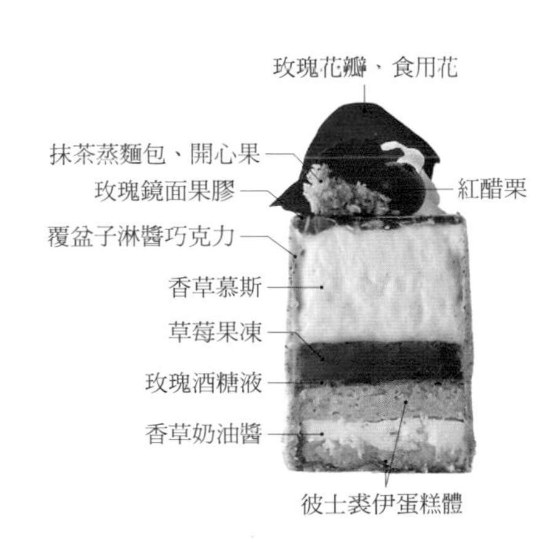
玫瑰花瓣、食用花
抹茶蒸麵包、開心果
玫瑰鏡面果膠
紅醋栗
覆盆子淋醬巧克力
香草慕斯
草莓果凍
玫瑰酒糖液
香草奶油醬
彼士裘伊蛋糕體

奢華香甜的香草和草莓，重疊上玫瑰的香氣，讓奢華度倍增。在口感輕盈的慕斯和醇厚的奶油醬裡面添加香草，藉由材料在嘴裡融化的時間差，維持香草的風味。草莓製作成水嫩多汁的果凍。酒糖液和鏡面果膠散發輕柔的玫瑰香氣，營造出高雅的印象。覆盆子淋醬巧克力在維持形狀的同時，再透過酸甜的風味，增加草莓的味道。

接骨木花×晴王麝香葡萄

晴王麝香葡萄塔

パティスリー ヴィヴィエンヌ
Pâtisserie VIVIenne.

接骨木花糖漿
晴王麝香葡萄
香緹鮮奶油
甜點師奶油醬
杏仁奶油醬
法式甜塔皮

以芳醇的晴王麝香葡萄作為魅力重點的簡單水果塔。在甜點師奶油醬上面，把切成對半的晴王麝香葡萄排列成花瓣盛開的模樣，再擠上香緹鮮奶油。2種奶油醬的奶味和濃郁，因為晴王麝香葡萄的清爽風味，使奢華的味道變得更加醇厚。另外隨附上接骨木花糖漿，藉由糖漿串聯起香甜和奢華，享受更多的味覺變化。

接骨木花×百香果×紅桃

伊甸園（EDEN）

セイイチロウニシゾノ
Seiichiro,NISHIZONO

擁有清爽酸味和沉穩濃郁的法式酸奶油慕斯入口即化，接骨木花的香氣瞬間在嘴裡擴散。濃郁烤布蕾的百香果酸味，和紅桃果凍的清爽甜味，誘出接骨木花的香氣，利用接骨木花甜露酒和鏡面果膠，強調奢華的香氣。色彩鮮艷的食用花也能讓視覺顯得更加華麗。

Mystique（神秘感）

パティスリー リュニック
Pâtisserie L'unique

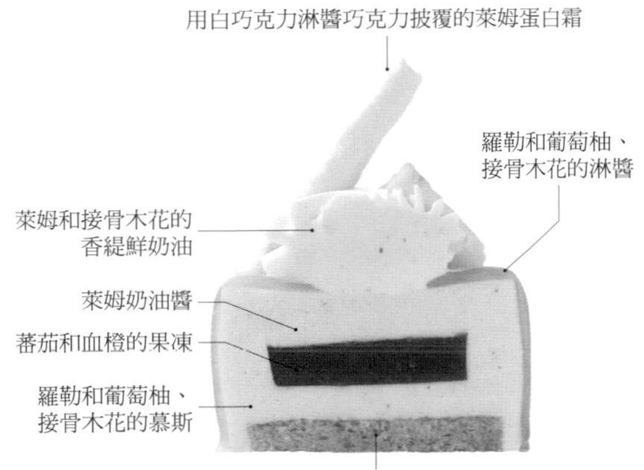
用白巧克力淋醬巧克力披覆的萊姆蛋白霜
羅勒和葡萄柚、接骨木花的淋醬
萊姆和接骨木花的香緹鮮奶油
萊姆奶油醬
蕃茄和血橙的果凍
羅勒和葡萄柚、接骨木花的慕斯
抹上接骨木花糖漿的羅勒彼士裘伊蛋糕體

以鎌倉蔬菜為主題，再以竹林的清爽情景為形象。在同樣具有爽快風味的羅勒、葡萄柚和萊姆裡面，增添接骨木花的香氣，酸甜的蕃茄則是搭配血橙。接骨木花的奢華香氣抑制羅勒和蕃茄的青澀味，同時襯托出葡萄柚和萊姆的微苦柑橘風味。利用蛋白霜的酥鬆口感和萊姆的香氣，營造出輕盈的印象。

食用花
接骨木花的鏡面果膠
百香果烤布蕾
紅桃果凍
接骨木花和法式酸奶油的慕斯
抹上接骨木花甜露酒的彼士裘伊蛋糕體

丹桂 × 柳橙 × 檸檬

LUCY（露西）

ケイトスイーツブティック
Keito Sweets Boutique

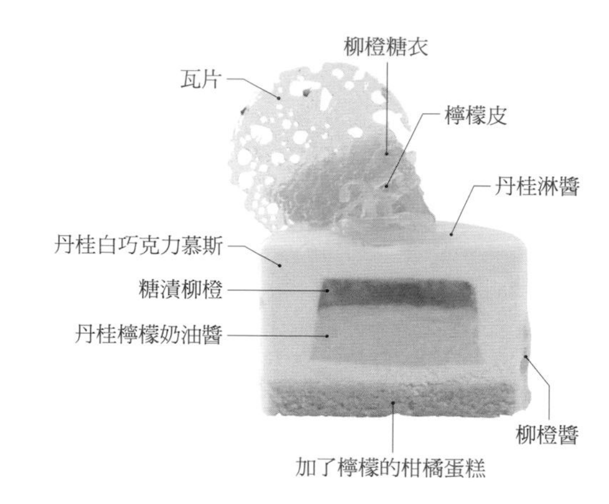
柳橙糖衣
瓦片
檸檬皮
丹桂淋醬
丹桂白巧克力慕斯
糖漬柳橙
丹桂檸檬奶油醬
柳橙醬
加了檸檬的柑橘蛋糕

河西惠太甜點師曾經在東京銀座的法國料理店「レストラン エスキス（Restaurant ESqUISSE）」修業，她以該餐廳所提供，在白葡萄酒內增添丹桂香氣的桂花珍酒和柑橘甜點作為靈感發想。被視為主角的丹桂香甜和柑橘的清爽風味重疊，演奏出甜美的協奏曲。柑橘採用甜味強烈的柳橙和酸味強烈的檸檬，藉此做出鮮明的層次美味。

丹桂 × 葡萄柚

Nuage Olivier（橄欖雲）

ハノック
hannoc

金粉、乾丹桂
桂花陳酒和丹桂的烤布蕾
添加葡萄柚果肉的果凍
丹桂和葡萄柚的慕斯
撒上杏仁碎的彼士裘伊蛋糕體

以香甜的丹桂為主角，搭配微苦的葡萄柚。先透過入口即化的慕斯和富含果肉的果凍，感受葡萄柚的清爽風味，然後再透過慕斯和烤布蕾釋放出的丹桂香氣，殘留餘韻。烤布蕾使用乾丹桂，同時添加桂花陳酒，強調丹桂的溫和香氣。

迷迭香×梅×開心果

梅光開心果

アンフィニ
INFINI

INFINI

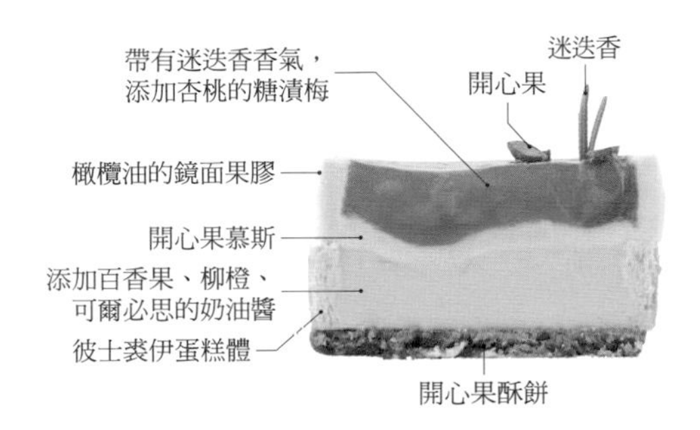
帶有迷迭香香氣，
添加杏桃的糖漬梅
迷迭香
開心果
橄欖油的鏡面果膠
開心果慕斯
添加百香果、柳橙、
可爾必思的奶油醬
彼士裘伊蛋糕體
開心果酥餅

使用和歌山縣產的完熟南高梅。甘甜且帶有果香的南高梅，搭配酸味鮮明的杏桃，讓酸甜風味更加鮮明。開心果慕斯是感受到隱約青澀的濃醇味道。清爽的迷迭香香氣把2種風味串接在一起。利用百香果、柳橙、可爾必思的奶油醬增添豐富的酸味，為清爽的風味帶來些許複雜感。

檸檬百里香×蜂蜜×泰莓

泰莓蜂蜜果凍

パティスリー ヴィヴィエンヌ
Pâtisserie VIVIenne.

晴王麝香葡萄
覆盆子
藍莓
悟紅
玉葡萄
帶有檸檬百里香香氣的
Renge蜂蜜果凍
柳橙
法式酸奶油
泰莓果泥

把晴王麝香葡萄和悟紅玉葡萄2種葡萄、2種莓果、柳橙塞進滿溢檸檬百里香香氣的Renge蜂蜜果凍裡面。輕盈芳醇、乳香四溢的法式酸奶油，使滿足感大幅增加。泰莓宛如玫瑰般的花香，讓5種水果的清爽、華麗風味更加鮮明。檸檬百里香的清涼香氣，餘韻殘留，使整體的味道更為紮實。

洋甘菊 × 生薑 × 蘋果

薑味洋甘菊

ショコラトリー パティスリー ソリリテ
chocolaterie pâtisserie SoLiLité

SoLiLité

以洋甘菊為形象的巧克力

白巧克力淋醬

生薑、洋甘菊和金黃巧克力的慕斯

生薑風味的蘋果果凍

洋甘菊奶油醬

熱內亞麵包

帶有甜美蘋果風味的洋甘菊，和具有清涼感和辛辣味的生薑。慕斯使用焦糖風味的金黃巧克力，增添濃郁和甜味，製作出更深厚的味道。洋甘菊奶油醬使花香持續，延續餘韻。中央則是與洋甘菊香氣同調的蘋果果凍，加入生薑風味，使整體的味道更顯一致。

生薑 × 鳳梨 × 巧克力

生薑鳳梨

ラトリエ ヒロ ワキサカ
L'ATELIER HIRO WAKISAKA

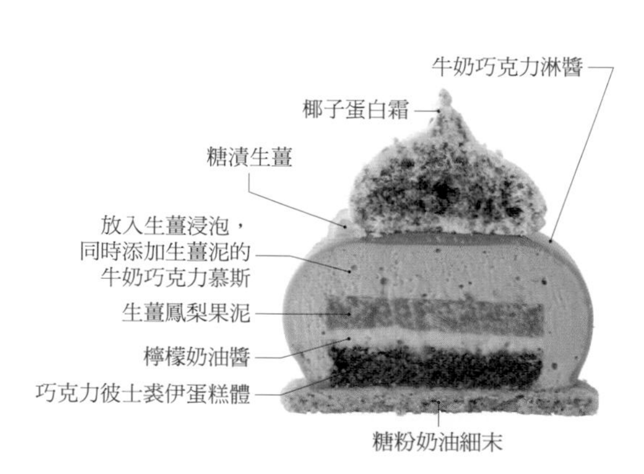
牛奶巧克力淋醬
椰子蛋白霜
糖漬生薑
放入生薑浸泡，
同時添加生薑泥的
牛奶巧克力慕斯
生薑鳳梨果泥
檸檬奶油醬
巧克力彼士裘伊蛋糕體
糖粉奶油細末

利用生薑的香氣與辛辣，展現出輕盈感。甜味溫和的牛奶巧克力慕斯裡面，不光只是用切片的生薑，為鮮奶油增添香氣，同時還添加了生薑泥，再搭配上酸味與甜味豐富的鳳梨果泥。檸檬鮮奶油增添濃郁與酸味，椰子蛋白霜則用來彌補酥脆和甜味。巧克力彼士裘伊蛋糕體帶來味道的深度。

3

日本茶、中國茶的法式小蛋糕

thé japonais et chinois

抹茶 × 葡萄柚

華麗森林的芬芳

ラマルク
LAMARCK

LAMARCK
KYOTO

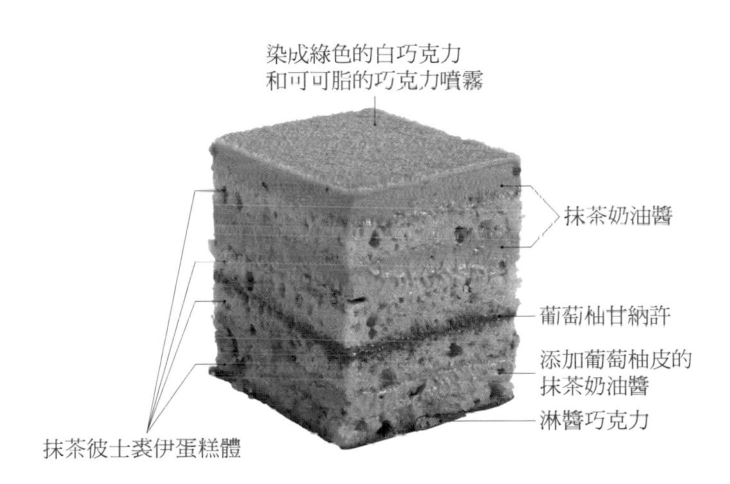
染成綠色的白巧克力
和可可脂的巧克力噴霧
抹茶奶油醬
葡萄柚甘納許
添加葡萄柚皮的
抹茶奶油醬
淋醬巧克力
抹茶彼士裘伊蛋糕體

吉田達也甜點師表示，「因為希望運用抹茶高雅、特殊的苦味，同時展現出輕盈與華麗感」。抹茶的苦味「很難用氣泡較多的慕斯表現」，所以就選擇奶油醬。彼士裘伊蛋糕體也是搭配抹茶，同時再抹上添加了抹茶甜露酒的酒糖液，藉此強調抹茶的風味。再加上葡萄柚皮和葡萄柚甘納許，增添柑橘的清爽酸味。可可含量70%的黑巧克力甘納許，使整體的味道更加緊密。

材料（58個）

抹茶彼士裘伊蛋糕體
（53×32cm的烤盤4個）

全蛋……672g
杏仁糖粉*
杏仁粉……600g
糖粉……600g
低筋麵粉（過篩）……144g
抹茶（粉末）……30g
蛋白……504g
精白砂糖……192g
奶油（融化）……120g
*把杏仁粉和糖粉混在一起過篩。

抹茶酒糖液
水……800g
精白砂糖……200g
抹茶甜露酒……適量

抹茶奶油醬
奶油（恢復至室溫）……1300g
抹茶（粉末）……200g
水A……適量
精白砂糖……600g
水B……約200g
蛋黃……290g
葡萄柚皮……2顆份量

葡萄柚甘納許
葡萄柚果汁……120g
黑巧克力（Valrhona「GUANAJA」／可可含量70%）……120g

組合、裝飾
淋醬巧克力（Cacao Barry／融化）……220～230g
巧克力噴霧*
白巧克力（Valrhona「OPALYS」）……適量
可可脂……適量
色素（綠）……適量
*把融化的白巧克力和可可脂混在一起，加入色素（綠）染色。

製作方法

抹茶彼士裘伊蛋糕體

1 把全蛋和杏仁糖粉放進攪拌盆，用裝有攪拌器的高速攪拌器攪拌。呈現泛白後，加入低筋麵粉和抹茶混拌。
2 把蛋白放進另一個攪拌盆，用裝有攪拌器的高速攪拌器攪拌。呈現泛白後，逐次加入精白砂糖，攪拌至呈現勾角挺立的狀態。
3 把2的材料倒進1的攪拌盆裡面，用橡膠刮刀混拌。
4 加入融化的奶油混拌。
5 把烘焙紙鋪在53×32cm的烤盤裡面，把4的材料倒入，用抹刀攤開抹平。
6 用185℃的熱對流烤箱烤5分鐘，把烤盤的前後位置對調，進一步烤4分鐘。出爐後，直接在室溫下放涼。

抹茶酒糖液

1 把水和精白砂糖放進鍋裡，加熱至沸騰為止。

2 把鍋子從火爐上移開，加入抹茶甜露酒混拌。

抹茶奶油醬

1 把奶油放進攪拌盆，用裝有攪拌器的高速攪拌器，攪拌成膏狀。

2 把抹茶（粉末）放進鋼盆，分次加入少量的水*A*，用打蛋器攪拌，直到呈現僅有抹茶細末殘留的黏稠乳霜狀。

3 把少量的1的材料放進2的鋼盆裡面混拌。再將其倒回1的攪拌盆裡面，用高速攪拌。倒進鋼盆。

4 把精白砂糖和水*B*倒進鍋裡，加熱至118℃。

5 把蛋黃放進另一個鋼盆，用打蛋器打散，慢慢加入4的材料混拌。

6 用錐形篩把5的材料過濾到攪拌盆，用裝有攪拌器的高速攪拌器攪拌，直到呈現泛白、蓬鬆狀態，且熱度消退為止。

7 把3的材料少量加入6的攪拌盆裡，用橡膠刮刀粗略混拌。再將其倒回3的鋼盆裡面，用打蛋器從底部往上撈，粗略混拌。再換成橡膠刮刀，持續混拌到確實均勻的程度。

8 把3分之1份量的7的材料（約800g）放進另一個鋼盆，加入磨成碎屑的葡萄柚皮，用橡膠刮刀混拌。剩餘7的材料就直接存放起來。為保有新鮮風味，葡萄柚皮等到要使用的時候再加入。

葡萄柚甘納許

1 把葡萄柚切成對半，榨出果汁，用錐形篩過濾，把120g倒進鍋裡。開火煮沸。

2 把黑巧克力放進調理盆，加入1的材料，用打蛋器混拌融解。

組合、裝飾

1 用抹刀把淋醬巧克力薄塗在1片抹茶彼士裘伊蛋糕體的上面。重疊上OPP膜，放進冷凍庫冷凍。

2 把1的蛋糕體連同烘焙紙一起翻面，撕掉烘焙紙。用毛刷把300g左右的抹茶酒糖液抹在上面，放進冰箱冷藏。

3 用抹刀把削入葡萄柚皮的抹茶奶油醬塗抹在上面。

4 把抹茶彼士裘伊蛋糕體的烤面朝下，連同烘焙紙一起重疊在上方，再撕掉烘焙紙。

5 用抹刀抹上葡萄柚甘納許。

6 再次進行4的步驟，用毛刷把300g左右的抹茶酒糖液抹在上面，放進冰箱冷藏。

7 用抹刀把剩餘抹茶奶油醬的一半份量塗抹在上面。

8 再次進行 *6* 的步驟。重疊上第4片彼士裘伊蛋糕體後，用鐵網等物品從上面輕壓，這樣就能避免變形。

9 用抹刀抹上剩餘的奶油醬，將上面抹平。在冷凍庫放置一晚。

10 把染成綠色的白巧克力和可可脂噴塗在 *9* 的上面。

11 用菜刀分別把 *10* 的4邊切掉5mm左右。橫放在工作台上，從垂直方向切開，分切成寬度9.3cm的長方形5塊和寬度2.7cm的長方形1塊。

12 把寬度9.3cm的長方形橫放，從垂直方向切開，將寬度分切成2.7cm。把寬度2.7cm的長方形橫放，從垂直方向切開，將寬度分切成9.3cm。

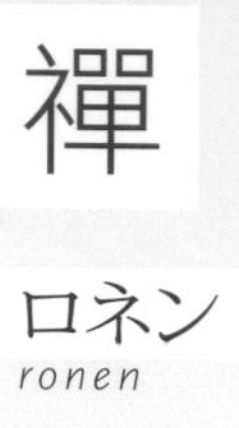

禪

ロネン

ronen

表現「被雨水淋濕的高山情境」，創意十足的法式小蛋糕，主角是以清涼感、微苦和酥脆為主要特色的玄米茶。玄米茶的細膩風味，就用粉狀和顆粒狀玄米茶所混搭製成的慕斯，和濃稠流出的滑溜果凍來加以表現。這裡用來搭配的是「顏色和酥脆口感都與玄米茶相同的」（西澤拓實甜點師）開心果烤布蕾，藉此增添濃郁與甜味。底部的法式脆餅用玄米米香和開心果醬所製成。模仿青苔的抹茶糖粉奶油細末裡面混入開心果碎粒，藉此提高整體味道的統一感。

抹茶糖粉奶油細末、
牛奶巧克力碎片、開心果、有馬山椒

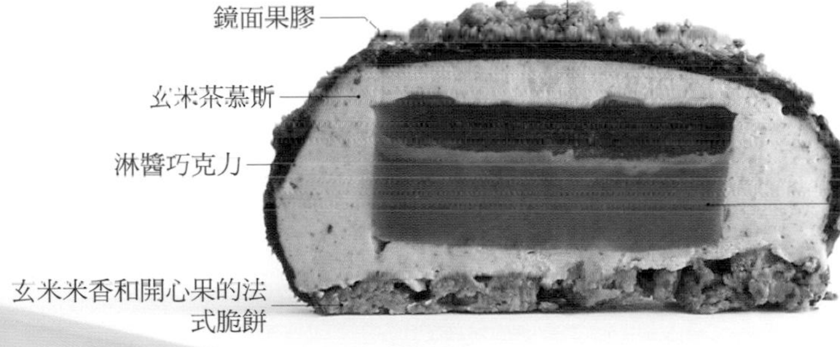
鏡面果膠
玄米茶慕斯
淋醬巧克力
玄米米香和開心果的法式脆餅
玄米茶果凍
開心果烤布蕾

材料

玄米米香和開心果的法式脆餅
（60×40cm的托盤3個）

白巧克力（FRUIBEL「Cabo Blanco」）
……1050g
開心果醬（BABBI）……368g
芝麻油（竹本油脂「太白胡麻油」）…………210g
法式薄餅脆片（市售品）……900g
玄米米香（空烤）……262g

開心果烤布蕾（140個）

牛乳……395g
鮮奶油（乳脂肪含量40%）……457g
開心果醬（BABBI）……488g
加糖蛋黃（加糖20%）……395g
精白砂糖……423g

玄米茶果凍（110個）

水……1300g
玄米茶……28g
海藻糖*……175g
瓊脂*……18g
抹茶*……5g
*混合。

玄米茶慕斯（60個）

加糖蛋黃（加糖20%）……290g
精白砂糖……145g
抹茶……10g
水……435g
牛乳……145g
玄米茶A（粉末）……60g
明膠片（用冷水泡軟）……9片
玄米茶B（粗粒）……12g
鮮奶油（乳脂肪含量40%／6分發）……1100g

組合、裝飾（容易製作的分量）

淋醬巧克力*1……適量
淋醬*2……適量
抹茶糖粉奶油細末*3、4……完成後980g
　奶油（製成膏狀）……500g
　精白砂糖……330g
　杏仁粉……165g
　低筋麵粉（過篩）……830g
　抹茶（過篩）……30g
牛奶巧克力脆片（切碎）*4……165g
開心果（切碎）*4……200g
鏡面果膠……適量
有馬山椒……適量

*1 以13比1的比例，將淋醬巧克力（Cacao Barry）和芝麻油（竹本油脂「太白胡麻油」）混合在一起。

*2 把鮮奶油300g（容易製作的分量，以下皆同）和水280g、精白砂糖270g放進鍋裡，開火加熱，精白砂糖融化後，加入可可粉160g混拌，用錐形篩過濾後，加入用冷水泡軟的明膠片20g混拌。

*3 把奶油和精白砂糖混在一起，加入杏仁粉，確實將整體攪拌均勻，加入低筋麵粉和抹茶混拌。全部彙整成團後，用擀麵棍把厚度壓擀成5mm，放在烤盤上面，用130℃的熱對流烤箱烤3小時。用食物調理機等稍微搗碎。

*4 混合。

製作方法

玄米米香和開心果的法式脆餅

1 把白巧克力和開心果醬、芝麻油放進鋼盆加熱，用橡膠刮刀一邊攪拌融解。

2 把鋼盆從火爐上移開，用橡膠刮刀一邊攪拌，使熱度消退。

3 加入法式薄餅脆片和空烤過的玄米米香，用橡膠刮刀從底部撈起翻攪、混拌。

4 把3的材料倒進貼有OPP膜的60×40cm的托盤裡面，用L字抹刀攤平，稍微輕壓。放進冰箱內冷卻凝固。

5 把材料連同OPP膜一起翻面，再將OPP膜撕掉，疊上托盤，然後再次翻面。用大約8×5cm的扭曲橢圓形的模具壓切。

開心果烤布蕾

1 把牛乳和鮮奶油放進鍋裡，開火加熱。沸騰後，加入開心果醬，用打蛋器混拌。

2 把加糖蛋黃和精白砂糖放進鋼盆，用打蛋器搓磨混拌。把1的材料分3次加入，每次加入材料都要攪拌均勻，再加入下一次材料。

3 用錐形篩過濾。

4 把3的材料裝進填餡器裡面，分別將15g的分量擠進長徑5.5×短徑3.3×高度2cm的橢圓形矽膠模具裡面。

5 覆蓋上保鮮膜，用85℃的蒸氣熱對流烤箱烤25分鐘。出爐後，拿掉保鮮膜，直接在室溫下放涼，放進冷凍庫冷卻凝固。

玄米茶果凍

1 把水放進鍋裡，開火加熱，溫度達到90℃後，加入玄米茶。沸騰後，關火，蓋上保鮮膜，約靜置5分鐘，萃取出風味。

2 用錐形篩過濾到鋼盆裡。再將其倒回鍋裡。要注意避免將沉澱在鋼盆底部的茶渣倒回鍋裡。

3 把混合的海藻糖、瓊脂、抹茶倒進 *2* 的鍋子裡，一邊用打蛋器混拌。

4 用錐形篩過濾到鋼盆，放進冰箱冷藏。

5 用湯匙分別把 *4* 的材料（8g）撈進先前放進冷凍庫冷卻凝固的開心果烤布蕾的橢圓形模具裡面。放進冷凍庫冷卻凝固。

玄米茶慕斯

1 把加糖蛋黃和精白砂糖放進鋼盆，用打蛋器搓磨混拌。加入抹茶混拌。

2 把水和牛乳倒進鍋裡，開火加熱，沸騰後，關火。加入玄米茶 *A*，用打蛋器充分拌勻。

3 把 *2* 的一半分量倒進 *1* 的鋼盆裡混拌。再將其倒回 *2* 的鍋子裡，開火加熱，一邊用橡膠刮刀攪拌，一邊加熱至82℃。

4 把鍋子從火爐上移開，用打蛋器粗略混拌後，加入用冷水泡軟的明膠片混拌。

5 用錐形篩把 *4* 的材料過濾到鋼盆裡。也可以使用橡膠刮刀確實過濾。讓鋼盆的底部接觸冰水，持續攪拌直到稍微產生稠度。

6 加入玄米茶B混拌。

7 把打發至6分發的鮮奶油（3分之1分量）加入6的鋼盆裡面，用打蛋器仔細拌勻。加入剩下的鮮奶油混拌，粗略混拌後，改用橡膠刮刀攪拌均勻。

組合、裝飾

1 把玄米茶慕斯裝進前端裝有口徑15mm圓形花嘴的擠花袋裡面，擠進8.7×6.3×高度3.6cm的扭曲橢圓形模具裡面，擠入的高度約7～8分滿。

2 把重疊冷凍的開心果烤布蕾和玄米茶果凍從模具內取出，玄米茶果凍朝下，放在1的玄米茶慕斯的正中央，用手指把烤布蕾和果凍往下壓，直到高度與玄米茶慕斯相同。上面再擠上一些玄米茶慕斯，然後用湯匙的背面抹平。

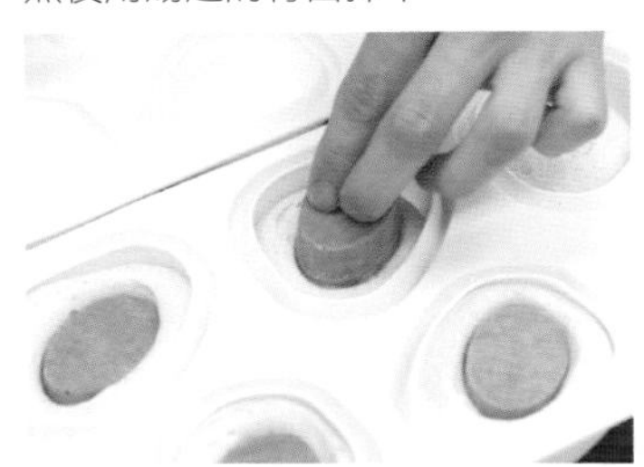

3 用扭曲橢圓形壓切成形的法式脆餅，以上面朝下的方式重疊在上面，然後用手指輕壓。放進冷凍庫冷卻凝固。

4 把鐵網放置在托盤上面，3脫模後，法式脆餅朝下，排列在鐵網上面。用填餡器擠上添加了芝麻油的淋醬巧克力。直接放置一段時間，直到表面凝固。

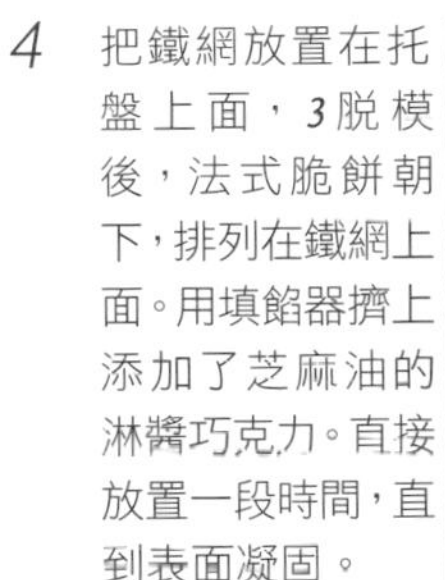

5 用毛刷把淋醬薄塗在整體。撒上混合好的抹茶糖粉奶油細末和牛奶巧克力脆片、開心果，再用湯匙的背面或手稍微覆蓋，讓材料確實附著。

6 把鏡面果膠裝進用OPP膜等道具製作的擠花袋，用剪刀剪開前端，在5上面的2～3處擠上球狀。從上方撒上有馬山椒的碎末。鏡面果膠是用來營造青苔上的水滴形象。只要製作出大小差異，就能展現出更自然的氛圍。

玉露×抹茶蕨餅×甜瓜

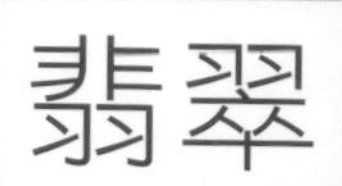
翡翠

ロネン

ronen

保樂力加醬
甜瓜
蒔蘿
酢橘皮
抹茶糖粉奶油細末
八女玉露果凍
抹茶蕨餅
杏仁義式奶酪

靈感來自高知縣「北川村『莫內庭園』Marmottan」的風景。以清爽的甜瓜和綠茶為起點，製作成水嫩多汁的甜點杯。在玉露果凍上面重疊抹茶風味，藉此強調『日本茶』的風格。Q彈的蕨餅擴大日式素材的存在感。義式奶酪稍微打發，營造出整體的輕盈印象，同時增添濃郁。酢橘皮和蒔蘿帶來更具深度的清爽口感。隨附添加了「PERNOD（保樂力加）」茴香香甜酒和甜瓜甜露酒的醬汁，享受更多的味覺變化。

苔玉

パティスリー ニューモラス
Pâtisserie NUMOROUS

帶有櫻桃酒香氣的
抹茶白巧克力慕斯
迷迭香
芒果、香蕉
和百香果的果凍
抹茶粉
彼士裘伊蛋糕體
帶有櫻桃酒香氣
的巴伐利亞奶油
混拌牛奶巧克力的法式薄餅脆片

抹茶搭配酸味恰到好處的百香果，讓抹茶風味更加鮮明。加上芒果和香蕉的濃醇甜味，讓百香果的強烈酸味和抹茶的苦味取得最佳平衡。抹茶和白巧克力混合製成慕斯，配置在上方，讓人在第一口就能感受到抹茶的苦味。甚至，再利用香草巴伐利亞奶油增加甜味和奶味。在感受濃醇口感的同時，利用櫻桃酒的清淡香氣，帶來清爽的食後感。

焙茶焦糖

パティスリー マサキ
Pâtisserie MASAKI

白巧克力
核桃焦糖
焦糖淋醬
金箔
杏仁糖霜
焙茶慕斯
法式脆餅
焦糖奶油醬
焙茶熱內亞麵包

以炸彈麵糊為基底，誘出焙茶香濃風味的輕盈慕斯，和微苦與濃醇甜味兼具的醇厚焦糖奶油醬十分速配。杏仁堅果糖、核桃焦糖、混合了糖粉奶油細末的法式脆餅和兩側裹上糖衣的杏仁，充滿節奏感的口感和香酥味道，讓整體的風味更具層次。添加了生杏仁霜和焙茶的熱內亞麵包在嘴裡慢慢融化、擴散，留下焙茶的香氣。

抹茶 × 檸檬 × 薰衣草

抹茶、檸檬和薰衣草

ル・フレザリア パティスリー
Le Fraisalia Pâtisserie

La Fraisalia pâtisserie

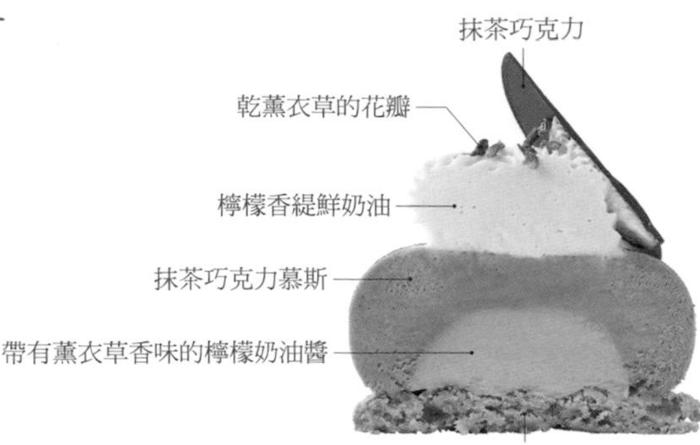
抹茶巧克力
乾薰衣草的花瓣
檸檬香緹鮮奶油
抹茶巧克力慕斯
帶有薰衣草香味的檸檬奶油醬
榛果達克瓦茲蛋糕

透過歐洲甜點師運用抹茶的技巧，把抹茶和檸檬結合在一起，以檸檬為主軸，讓風味更加擴大。添加檸檬汁和檸檬皮的苦味檸檬奶油醬，再加上薰衣草的香氣。加上檸檬果粒果醬，藉由鮮明的酸味營造出輕盈印象的檸檬香緹鮮奶油，讓濃厚的抹茶慕斯更容易入口。利用榛果的香酥創造出味道的立體感。

烏龍茶 × 杏桃 × 八角

杏桃烏龍茶

シンフラ
Shinfula

巧克力酥餅碎
用肉桂和八角烹煮的糖漬杏桃
八角粉
巧克力香緹鮮奶油
用烏龍茶和八角烹煮，
以安格列斯醬為基底的巧克力奶油醬
烏龍茶慕斯
帶有肉桂和八角香氣的杏桃果凍
添加杏桃的巧克力甘納許
可可風味的達克瓦茲蛋糕
法式甜塔皮

把芳醇的烏龍茶和被稱為「唐桃」的杏桃、八角等香辛料組合在一起，演繹出東方的氛圍。烏龍茶獨特的奢華風味，和杏桃的酸甜滋味巧妙交織在一起。杏桃果凍和糖漬杏桃，除了八角之外，還運用了肉桂、香草和檸檬汁，使華麗程度倍增。巧克力則用來增加醇厚的濃郁風味。

Petits Gâteaux

4

紅茶、咖啡的法式小蛋糕

thé, café

格雷伯爵茶×巧克力×覆盆子

Senteurs（芳香）

ラトリエ ヒロ ワキサカ
L'ATELIER HIRO WAKISAKA

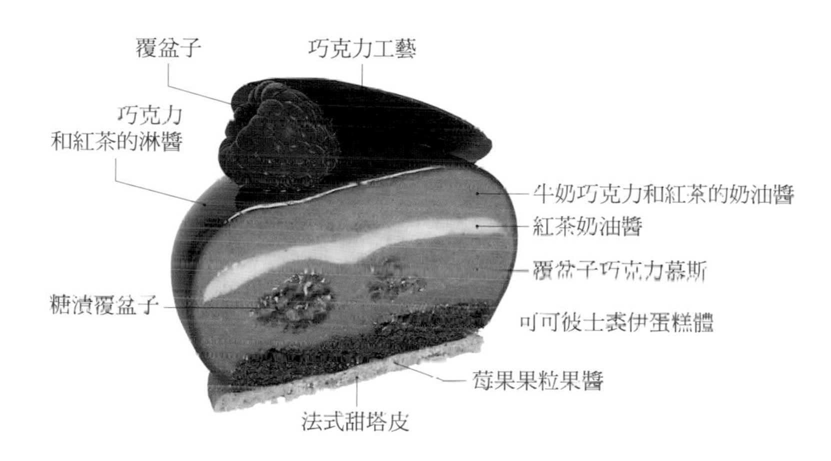
覆盆子
巧克力工藝
巧克力
和紅茶的淋醬
牛奶巧克力和紅茶的奶油醬
紅茶奶油醬
覆盆子巧克力慕斯
糖漬覆盆子
可可彼士裘伊蛋糕體
莓果果粒果醬
法式甜塔皮

「Sennteurs」是法語，「芳香」的意思。帶有佛手柑香氣的格雷伯爵茶，加上巧克力的苦味和甜味、覆盆子的酸味。脇坂紘行甜點師說：「味道和外觀都不會太複雜，把作為主角的紅茶香氣延展成多種不同質地，從放進嘴裡的那一刻開始，就可以感受到更具體的紅茶香氣」。透過把格雷伯爵茶的香氣確實轉移到牛乳和鮮奶油裡面的2種奶油醬和淋醬，展現出醇厚的香氣。在淋醬裡面加入佛手柑的油，確實與格雷伯爵茶的奢華香氣串聯在一起。

材料（32個）

法式甜塔皮（容易製作的分量）

奶油（恢復至室溫）……3200g
糖粉……2080g
杏仁粉……800g
檸檬醬*1……12g
香草醬*1……8g
白松露海鹽*1……56g
全蛋……1040g
低筋麵粉（NIPPN「Enchanté」）*2……4000g
中高筋麵粉（NIPPN「Genie」）*2……1000g
*1 混合。
*2 混合後過篩。

可可彼士裘伊蛋糕體
（60×40cm的烤盤4個）

蛋黃……704g
精白砂糖A……509g
蛋白……760g
精白砂糖B……213g
低筋麵粉*1……147g
玉米澱粉*1……147g
可可粉*1……160g
奶油（融化）*2……166g
沙拉油*2……166g
*1 混合後過篩。
*2 混合。

牛奶巧克力和紅茶的奶油醬

牛乳……98g
格雷伯爵茶的茶葉……6g
鮮奶油A（乳脂肪含量35%）……98g
黑巧克力（Callebaut「3815」／可可含量58%）……171g
牛奶巧克力（不二製油「LACTEE DUOFLORE」／可可含量40%）……73g
鮮奶油B（乳脂肪含量35%）……244g

紅茶奶油醬

牛乳……163g
鮮奶油（乳脂肪含量35%）……163g
格雷伯爵茶的茶葉……33g
精白砂糖……40g
海藻糖……8g
明膠粉*……4g
水*……22g
香草醬（馬達加斯加產）……0.1g
*用水將明膠粉泡軟。

覆盆子巧克力慕斯

牛乳……62g
鮮奶油A（乳脂肪含量35%）……62g
黑巧克力（Valrhona「MANJARI」／可可含量64%）……32g
覆盆子果泥……140g
精白砂糖……67g
鮮奶油B（乳脂肪含量35%）……347g

組合、裝飾（1個）

紅茶酒糖液*1……適量
糖漬覆盆子*2……2個
莓果果粒果醬（市售品）……3g
巧克力和紅茶的淋醬*3……適量
覆盆子……1個
巧克力工藝……1片

*1 把市售的紅茶甜露酒30g（容易製作的分量。以下同）、自製紅茶甜露酒10g、柳橙甜露酒20g、波美30度的糖漿60g混合在一起。自製紅茶甜露酒是，把格雷伯爵茶的茶葉5g放進市售的紅茶甜露酒100g裡面，浸泡1星期以上。使用時，去除茶葉。

*2 把水97g（容易製作的分量。以下同）、精白砂糖60g、香草醬0.3條、君度橙酒3.3g、肉桂適量，放進鍋裡煮沸（A）。把冷凍的覆盆子100g放進鋼盆，把A材料倒進鋼盆，直接放置一晚。

*3 把乳脂肪含量35%的鮮奶油200g（容易製作的分量。以下同）放進鍋裡，加熱至80℃左右，加入格雷伯爵茶的茶葉12g，關火，蓋上保鮮膜，放置5分鐘。用錐形篩過濾到另一個鍋子，加入流失掉的鮮奶油（分量外），讓重量達到200g，加熱（A）。把加糖煉乳125g、黑巧克力（Callebaut「3815」／可可含量58%）95g、鏡面果膠440g放進鋼盆，混入A材料。攪拌後，混入加溫的水飴（Hallodex）100g、海藻糖150g、用水90g泡軟的明膠粉18g後，滴入色素（紅）0.6g和佛手柑的油1滴，用手持攪拌器攪拌。使用前再次攪拌，將溫度調整至32～34℃。

製作方法

法式甜塔皮

1 把奶油、糖粉、杏仁粉放進攪拌盆，用裝有拌打器的低速攪拌器攪拌。

2 加入檸檬醬、香草醬、白松露海鹽混拌，加入全蛋混拌。

3 加入低筋麵粉和中高筋麵粉混拌。彙整成團後，放進冰箱。

4 放進壓片機，把厚度擀壓成2mm。

5 用直徑5cm的圓形圈模壓切後，扎小孔。

6 用140℃的蒸氣熱對流烤箱烤18分鐘。

可可彼士裘伊蛋糕體

1 把蛋黃和精白砂糖A放進攪拌盆。用裝有拌打器的高速攪拌器攪拌，直到整體呈現蓬鬆狀態。

2 把蛋白和精白砂糖B放進另一個攪拌盆，用裝有拌打器的高速攪拌器攪拌。

3 把部分**2**的材料和粉末類材料放進**1**的攪拌盆裡面，用橡膠刮刀混拌。加入**2**剩餘的材料，粗略的混拌。

4 加入奶油和沙拉油混拌。

5 分別把720g倒進舖有烘焙紙的烤盤（60×40cm）裡面，用抹刀抹平。

6 用180℃的蒸氣熱對流烤箱烤12分鐘。

組合1

1 把可可彼士裘伊蛋糕體的烘焙紙撕掉，烤面朝上。壓切成直徑5cm的圓形。

2 用刷毛抹上紅茶酒糖液。放進冷凍庫。

牛奶巧克力和紅茶的奶油醬

1 把牛乳放進鍋裡，加熱至80℃後，加入格雷伯爵茶的茶葉，關火，覆蓋上保鮮膜，直接放置4分鐘。

2 用錐形篩過濾到另一個鍋子。經過步驟**1**的作業後，分量會減少，所以要分別加入相同分量的牛乳與鮮奶油（兩者皆是分量外），使重量達到98g。

3 加入鮮奶油A，開火加熱。

4 把2種巧克力放進鋼盆，隔水加熱融解。

5 把**3**的鮮奶油倒進**4**的鋼盆裡面，用打蛋器混拌。進一步用手持攪拌器攪拌，將溫度調整至38℃。

6 把鮮奶油B放進另一個鋼盆，用打蛋器打發至8分發。把部分材料倒進**5**的鋼盆裡面確實攪拌，再將其倒回原本的鋼盆攪拌。

7 分別擠出20g到底部有窟窿，直徑6.5×高度3cm的矽膠模型裡面。將模型傾斜，讓材料附著在內側的整個側面。放進冷凍庫冷卻凝固。

紅茶奶油醬

1 把牛乳和鮮奶油放進鍋裡，加熱至80℃後，加入格雷伯爵茶的茶葉，關火，覆蓋上保鮮膜，直接放置4分鐘。

2 用錐形篩過濾到另一個鍋子。經過步驟*1*的作業後，分量會減少，所以要分別加入相同分量的牛乳與鮮奶油（兩者皆是分量外），加入的時候，要把過濾的茶葉放進錐形篩，再將材料倒入，使重量達到326g。保留一部分，將剩餘部分倒進鋼盆。

3 把精白砂糖和海藻糖放進*2*的鍋子開火加熱，加入用水泡軟的明膠粉融解。

4 把香草醬倒進轉移到鋼盆的*2*的材料裡面混拌。

5 把*4*的材料倒進*3*的鍋子裡面混拌。倒進鋼盆，讓鋼盆底部接觸冰水，攪拌至產生稠度為止。放進冰箱冷卻。

6 分別把12g倒進裝有牛奶巧克力和紅茶奶油醬的模型裡面。放進冷凍庫冷卻凝固。

覆盆子巧克力慕斯

1 把牛乳和鮮奶油A放進鍋裡，加熱至幾乎沸騰的程度。

2 把黑巧克力放進鋼盆，隔水加熱融解。

3 把*1*的材料倒進*2*的鋼盆裡面，用打蛋器混拌。

4 把覆盆子果泥和精白砂糖放進另一個鋼盆混合，用微波爐加熱至40℃。

5 把*4*的材料分2次倒進*3*的鋼盆裡面攪拌。用手持攪拌器攪拌，將溫度調整至34℃以上。

6　把鮮奶油B放進另一個鋼盆，用打蛋器打發至8分發。把部分材料倒進**5**的鋼盆裡面，確實攪拌後，再將其倒回原本的鋼盆混拌。

7　擠進裝有2種奶油醬的模型裡面，大約8分滿左右。

組合2、裝飾

1　用湯匙的背部把擠進模型裡面的覆盆子巧克力慕斯的中央弄凹，分別放上2顆糖漬覆盆子。

2　擠上少量的覆盆子巧克力慕斯，再用湯匙抹平。

3　把可可彼士裘伊蛋糕體的烤面朝下，重疊在上方。放進冷凍庫冷卻凝固。

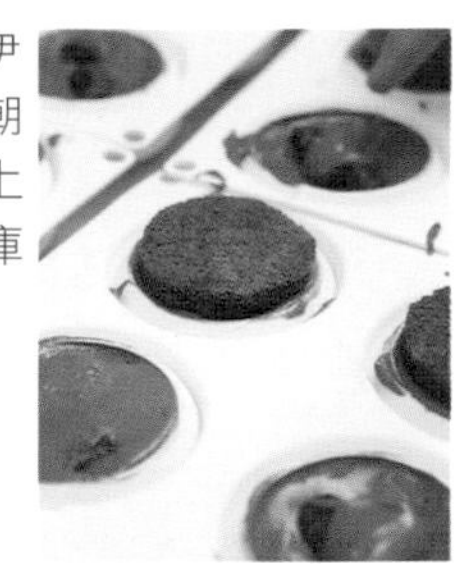

4　分別把3g的莓果果粒果醬塗抹在法式甜塔皮的烤面。

5　把**3**脫模，讓可可彼士裘伊蛋糕體朝下，放置在放有鐵網的托盤上。

6　淋上溫度調整成32～34℃的巧克力紅茶淋醬。用湯匙的背面輕抹，把堆積在上方窟窿的多餘淋醬抹掉。

7　把**6**放在**4**的法式甜塔皮上面，裝飾上覆盆子和巧克力工藝。

咖啡 × 巧克力 × 覆盆子

Beige（米色）

ケークスカイウォーカー
Cake Sky Walker

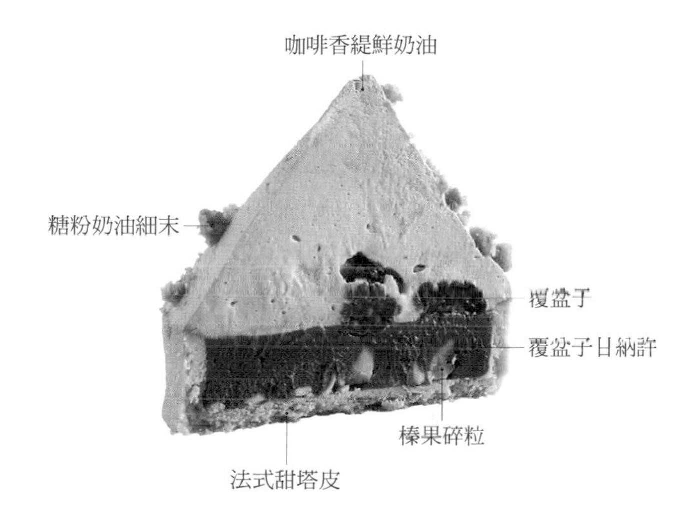
咖啡香緹鮮奶油
糖粉奶油細末
覆盆子
覆盆子甘納許
榛果碎粒
法式甜塔皮

在擺放了覆盆子的巧克力塔上面，覆蓋滿滿咖啡風味的香緹鮮奶油，極具個性的一道甜點。放進嘴裡的瞬間，輕盈的香緹鮮奶油馬上融化，咖啡香氣撲鼻。感受咖啡餘韻的同時，隨之而來的是酸甜滋味的莓果新鮮風味，以及濃醇且微甜的牛奶巧克力風味。撒在表面的糖粉奶油細末，有著細蔗糖的沉穩甘甜和杏仁的香酥口感，和咖啡的微苦風味格外速配。底部的法式甜塔皮和堅果的硬脆口感，演繹出輕盈感受。

材料

法式甜塔皮（21個）

奶油（製成膏狀）……180g
糖粉……112g
杏仁粉……15g
全蛋……50g
低筋麵粉……300g
淋醬巧克力……適量

糖粉奶油細末（18個）

低筋麵粉……60g
杏仁粉……36g
細蔗糖……45g
奶油*……39g
*切成5mm丁塊狀，冷卻。

覆盆子甘納許（8個）

覆盆子果泥……78g
鮮奶油（乳脂肪含量35%）……72g
轉化糖漿……12g
牛奶巧克力（Chocovic「ZEYLON」／可可含量36.5%）……200g

咖啡香緹鮮奶油（4個）

鮮奶油（乳脂肪含量35%）……100g
鮮奶油（乳脂肪含量47%）……50g
精白砂糖……9g
咖啡萃取液（TRABLIT「Cafe Extra」）……8g
咖啡甜露酒……8g

組合、裝飾（1個）

榛果碎粒*1……5g
覆盆子*2……3個
金箔……適量
*1 用165℃的熱對流烤箱烤至整體染色。烘烤時間300g約25分鐘。出爐後，敲碎。
*2 縱切成對半。

製作方法

法式甜塔皮

1 把奶油、糖粉放進鋼盆，用打蛋器混拌。
2 依序加入杏仁粉、全蛋、低筋麵粉，每加入一種材料就要確實拌勻，然後再加入下一個材料。
3 彙整成團，用保鮮膜包起來，放進冰箱冷藏2小時以上。
4 撒上手粉（高筋麵粉，分量外），用擀麵棍把厚度擀壓成2.5mm，壓切成直徑10cm的圓形。放進冰箱冷藏。
5 把塔皮放進直徑7×高度1.7cm的法式塔圈內入模。用小刀將超出法式塔圈的多餘麵團切除。放進冰箱冷藏。
6 排放在舖有透氣烤盤墊的烤盤裡面，放上杯子蛋糕紙模，再放上重石。用165℃的熱對流烤箱烤20分鐘。拿掉紙模和重石，烤至上色程度。出爐後，直接在室溫下放涼。
7 用毛刷把淋醬巧克力薄塗在**6**的塔皮內側。

糖粉奶油細末

1 把低筋麵粉、杏仁粉、細蔗糖放進食物調理機攪拌。

2 加入冷卻的奶油丁塊（5mm），持續攪拌成酥餅狀。

3 撒在鋪有透氣烤盤墊的烤盤裡面，用150℃的熱對流烤箱烤20～30分鐘。出爐後，直接在室溫下放涼。

覆盆子甘納許

1 把覆盆子果泥、鮮奶油、轉化糖漿放進鍋裡加熱，一邊用橡膠刮刀攪拌，加熱至即將沸騰的程度。

2 把牛奶巧克力放進鋼盆，把1的材料逐次少量地倒入，用打蛋器確實攪拌，直到呈現柔滑程度。

咖啡香緹鮮奶油

1　把2種鮮奶油和精白砂糖放進鋼盆，用打蛋器打發至6分發。

2　加入咖啡萃取液和咖啡甜露酒混拌，攪拌均勻後，換成橡膠刮刀，將整體持續攪拌至均勻程度。

組合、裝飾

1　分別把5g的榛果碎粒放進法式甜塔皮裡面。

2　用填餡器分別把43g的覆盆子甘納許擠進塔皮裡面。放進冰箱內冷卻凝固。

3　將咖啡香緹鮮奶油裝進擠花袋，分別將5g擠進**2**的塔皮中央。

4　在**3**的咖啡香緹鮮奶油上面，放上縱切成對半的覆盆子（3個分量），切口朝下。

5 以螺旋方式，在上方擠出咖啡香緹鮮奶油，讓形狀呈現圓錐形。

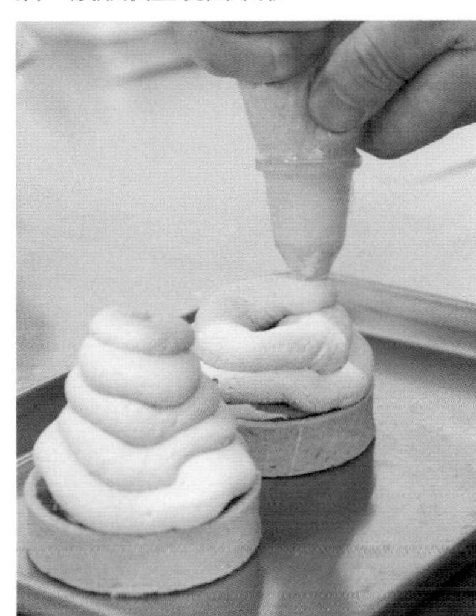

6 用抹刀抹除多餘的咖啡香緹鮮奶油，一邊將表面抹平，使外觀呈為漂亮的圓錐形。用手指抹掉沾在法式甜塔皮上面的咖啡香緹鮮奶油。

7 把糖粉奶油細末撒在**6**的咖啡香緹鮮奶油的局部，在頂端裝飾上金箔。

格雷伯爵茶×柳橙×巧克力

Gourmandise（饕客）

アツシ ハタエ
Atsushi Hatae

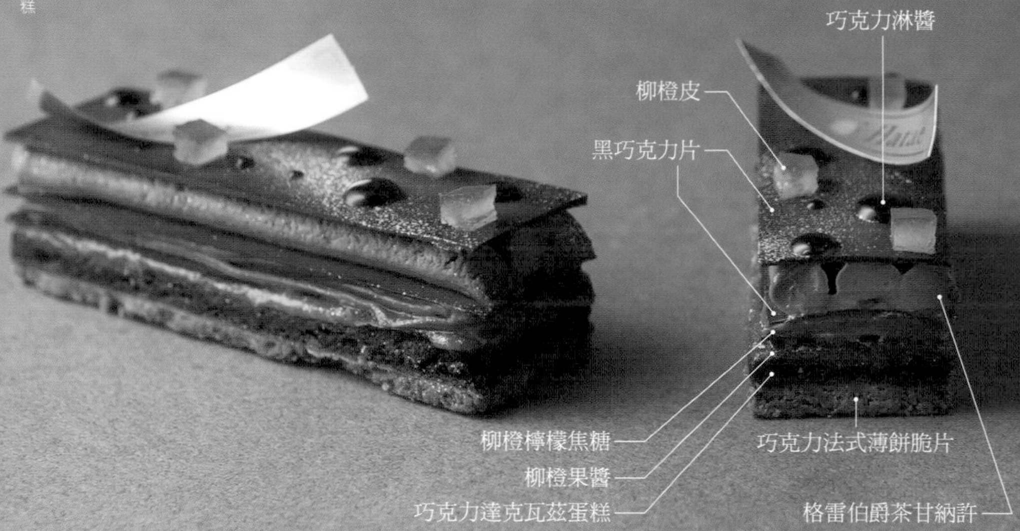

巧克力淋醬
柳橙皮
黑巧克力片
柳橙檸檬焦糖
柳橙果醬
巧克力達克瓦茲蛋糕
巧克力法式薄餅脆片
格雷伯爵茶甘納許

放進嘴裡的瞬間，清爽的格雷伯爵茶香氣馬上擴散開來，醇厚的牛奶巧克力甘納許拉長紅茶的餘韻。少量添加牛奶巧克力，再利用酸味鮮明的柳橙和檸檬焦糖，增添微苦與爽快口感。多汁的柳橙果醬彌補柳橙的風味。咬下略帶粗糙感的柳橙皮，濃縮的柳橙香氣四溢。巧克力片和蛋糕體的咀嚼差異，讓不同風味的質地更加融合。

伯爵茶黑醋栗

パティスリー ル・ネグレスコ
Pâtisserie Le Negresco

紅寶石巧克力工藝
黑醋栗和格雷伯爵茶的淋醬
格雷伯爵茶慕斯、
脆糖杏仁粒
黑醋栗慕斯
藍莓
巧克力彼士裘伊蛋糕體
香草白巧克力慕斯

水分含量較多的淋醬，在放進嘴裡的那一刻瞬間融化，黑醋栗和格雷伯爵茶飄散。格雷伯爵茶慕斯的花茶香氣，把添加黑醋栗奶油醬的輕盈黑醋栗慕斯包覆在其中。帶有香草氣味的白巧克力慕斯的濃郁和奶味，把黑醋栗的酸味襯托地更加鮮明，酥脆的脆糖杏仁粒、濕潤的巧克力彼士裘伊蛋糕體、多汁鮮嫩口感的新鮮藍莓，增加味覺的變化。

咖啡×威士忌×巧克力×栗子

Plié（芭蕾蹲）

パティスリー モデスト
Pâtisserie Modeste

Modeste

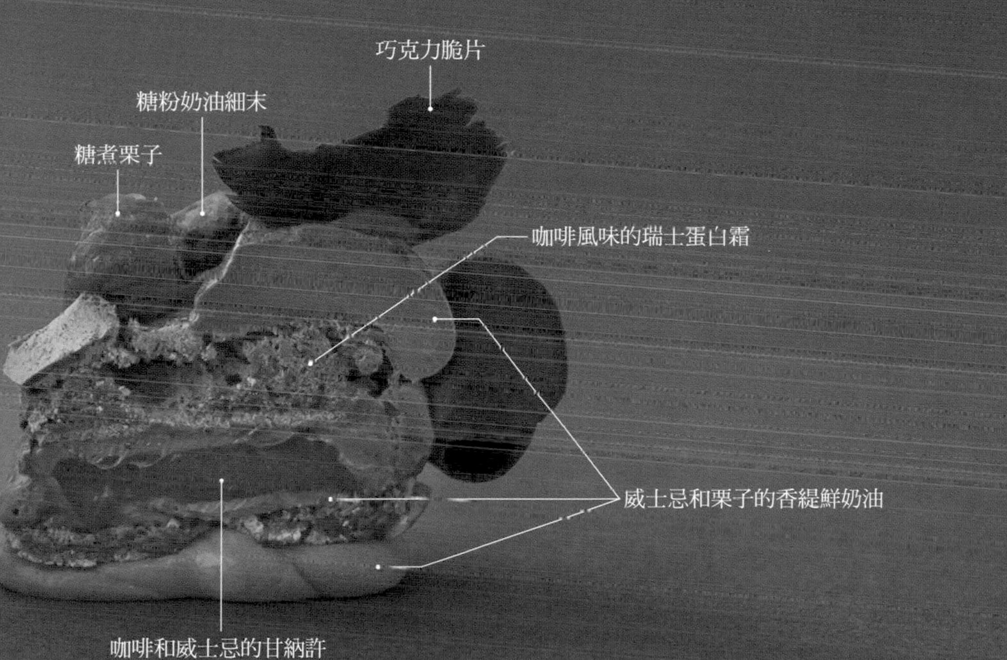
巧克力脆片
糖粉奶油細末
糖煮栗子
咖啡風味的瑞士蛋白霜
威士忌和栗子的香緹鮮奶油
咖啡和威士忌的甘納許

主角是咖啡。酥脆的蛋白霜散發出咖啡的微苦風味，緩慢融化的濃醇甘納許，釋放出的咖啡香氣竄入鼻腔，充分感受到巧克力的濃郁和甜味。香緹鮮奶油的濃醇栗子風味，隱約散發出芳醇的威士忌香氣，和甘納許的威士忌香氣串聯在一起，使味道更顯深奧。鮮奶油的奶味引誘出咖啡的風味。糖煮栗子和糖粉奶油細末是味道和口感的重點。

堅果卡布奇諾

コンフェクト・コンセプト
CONFECT CONCEPT

帶有咖啡香氣的
香緹鮮奶油
帶有咖啡香氣的白巧克力淋醬
（＋噴霧）
核桃和山核桃的脆糖粒
咖啡豆的粉末
帶有濃縮咖啡
香氣的咖啡慕斯
黑糖風味的
慕斯林奶油醬
抹上濃縮咖啡酒糖液的
彼士裘伊蛋糕體
黑糖和核桃、山核桃風味的彼士裘伊蛋糕體

遠藤淳史甜點師說：「因為只要在牛乳裡面加一點黑糖（非精煉糖），就能形成咖啡牛奶般的味道，所以才會產生用黑糖搭配咖啡的想法」。利用濃郁程度相同的核桃和山核桃作為串聯彼此的黏合劑。把用這些堅果和黑糖製成的杏仁糖粉，加進底部的彼士裘伊蛋糕體和慕斯林奶油醬裡面。「慕斯林奶油醬讓味道延續更久，同時讓其它部件釋放出的咖啡香氣更加鮮明」。在中央的彼士裘伊蛋糕體抹上濃縮咖啡，使微苦的風味形成重點。

格雷伯爵茶 × 檸檬

LEGERE（輕盈）

パティスリー サヴール オン ドゥスール
PÂTISSERIE SAVEURS EN DOUCEUR

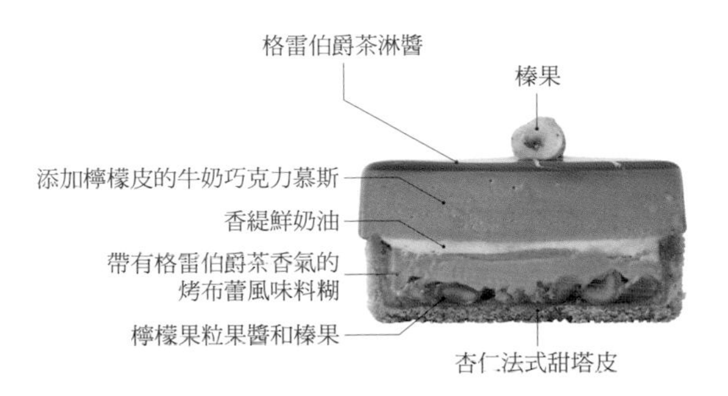
格雷伯爵茶淋醬
榛果
添加檸檬皮的牛奶巧克力慕斯
香緹鮮奶油
帶有格雷伯爵茶香氣的
烤布蕾風味料糊
檸檬果粒果醬和榛果
杏仁法式甜塔皮

以檸檬茶為形象。以牛奶巧克力為主體的慕斯裡面添加了檸檬皮。烤布蕾風味的料糊裡面則增添了格雷伯爵茶香氣。兩者都有著不妨礙檸檬和紅茶香氣的濃郁。慕斯刻意降低可可感，藉此讓檸檬風味更加鮮明。檸檬果粒果醬的酸味和榛果的酥脆口感，讓餘韻也顯得清爽。

咖啡 × 巧克力

巧克力咖啡

ラトリエ ヒロ ワキサカ
L'ATELIER HIRO WAKISAKA

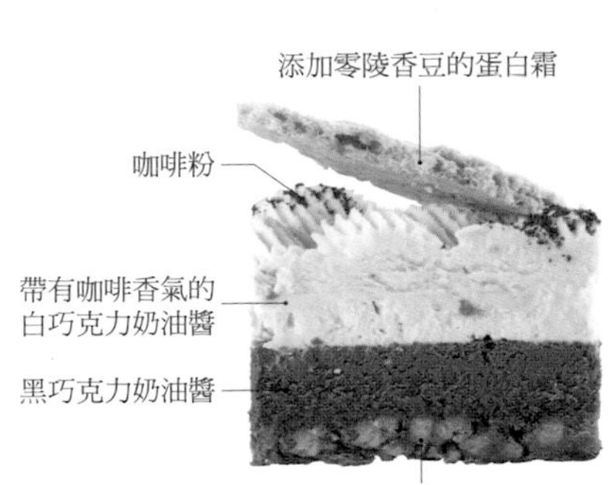
添加零陵香豆的蛋白霜
咖啡粉
帶有咖啡香氣的
白巧克力奶油醬
黑巧克力奶油醬
榛果糖粉奶油細末、
榛果堅果糖、牛奶巧克力、
法式薄脆餅

把咖啡豆放進帶有酸味的黑巧克力「MANJARI」（Valrhona／可可含量64%）奶油醬裡面浸泡一天之後，再以低溫加熱，同時再重疊上抑制苦味並誘出咖啡香氣的鮮奶油和白巧克力奶油醬。基底則是在保留焦糖和榛果口感的自製堅果糖裡面，加入法式薄脆餅和糖粉奶油細末。每次咀嚼，都能享受到複雜的香氣與味道的變化。

Petits Gâteaux

5

堅果、巧克力、焦糖的法式小蛋糕

fruits secs, chocolat, caramel

花生蘋果

パティスリー ニューモラス
Pâtisserie NUMOROUS

堅果、巧克力、焦糖的法式小蛋糕

NUMOROUS
パティスリー ニューモラス

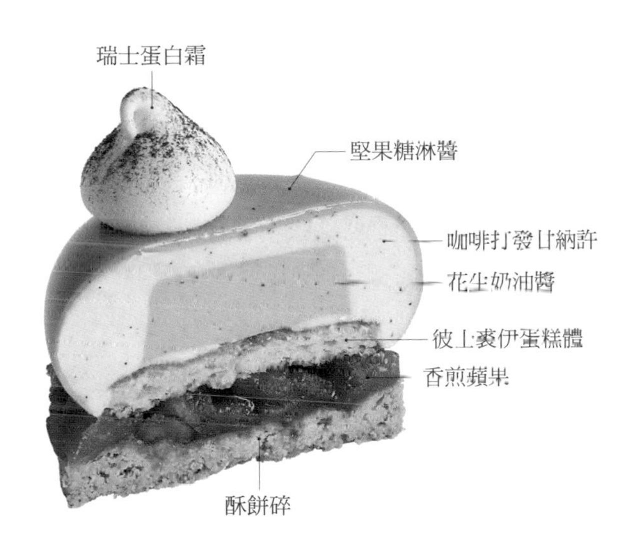
瑞士蛋白霜
堅果糖淋醬
咖啡打發甘納許
花生奶油醬
彼士裘伊蛋糕體
香煎蘋果
酥餅碎

主角是花生的濃醇和香氣。潛藏在咖啡打發甘納許裡面的淡雅咖啡香氣，襯托出花生的沉穩風味，在融化之後竄入鼻腔，為主角的花生香氣帶來深厚餘韻。添加在花生奶油醬裡面的堅果糖，索性採用使口感更加強烈的焦糖化，微苦更加凸顯出花生的個性風味，完全不會感到甜膩，同時還有幫襯的絕佳效果。口感絕佳的香煎蘋果，保留清脆的同時，濃縮的香甜和酸味在嘴裡擴散，讓堅果糖的濃醇風味更加緊密。

材料

彼士裘伊蛋糕體（60×40cm的烤盤2個）

全蛋……360g
杏仁粉*……300g
精白砂糖*……350g
低筋麵粉（日清製粉「Angelight」）*……78g
鮮奶油（乳脂肪含量40%／加熱）……112g
蛋白……288g
精白砂糖……112g
*混合後過篩。

酥餅碎（90個）

奶油（冷卻）……450g
精白砂糖……450g
低筋麵粉（日清製粉「Angelight」）*……225g
高筋麵粉（日清製粉「Super Camellia」）*……225g
杏仁粉*……450g
*混合後過篩。

花生堅果糖（容易製作的分量）

精白砂糖……155g
水……33g
花生*……250g
鹽巴……少量
香草醬……少量
*用160℃的烤箱烤25分鐘，烤至隱約上色的程度。

花生奶油醬（108個）

鮮奶油（乳脂肪含量36%）……1120g
蛋黃……280g
精白砂糖……140g
花生堅果糖……224g
明膠片（用冷水泡軟）……18g

堅果糖淋醬（容易製作的分量）

白巧克力淋醬*……2200g
花生堅果糖……113g
*把牛乳652g（容易製作的分量，以下同）和水飴100g放進鍋裡加熱，沸騰後，關火，放入明膠片（21.6g／用冷水泡軟）攪拌融解（A）。把白巧克力「SUPERIEURE SOIE BLANC」（DAITO CACAO）404g、淋醬巧克力（白）520g、鏡面果膠560g放進鋼盆，趁熱把A材料倒入鋼盆，混拌融解。
※把所有材料混合均勻。

香煎蘋果（33個）

奶油……160g
蘋果（ShinanoLip*／切成8mm碎塊）……1155g
精白砂糖……320g
蘋果白蘭地（Calvados）……50g
*ShinanoLip是長野縣產的品種。擁有鮮明的味道和酸味，果肉硬脆，耐煮不易爛。

咖啡打發甘納許（60個）

鮮奶油A（乳脂肪含量40%）……400g
水飴……160g
白巧克力（Valrhona「IVOIRE」）……400g
濃縮咖啡（剛沖泡好，熱的）……120g
鮮奶油B（乳脂肪含量40%／冷卻）……1600g
咖啡豆*……6g
*使用前，用研磨機磨成細粉，用較細的濾網過濾。

組合、裝飾

瑞士蛋白霜（裝飾前，過篩可可粉）……適量

製作方法

彼士裘伊蛋糕體

1 把全蛋放進攪拌盆，用打蛋器打散，加入杏仁粉、精白砂糖、低筋麵粉，用中速的攪拌器攪拌後，加入溫熱的鮮奶油攪拌。

2 把蛋白和精白砂糖放進另一個攪拌盆，打發至勾角挺立。

3 把*2*的材料倒進*1*的攪拌盆，用橡膠刮刀切劃混拌。

4 分別倒進2個烤盤內，用210℃的烤箱烤14分鐘。放涼後，用直徑5cm的圓形圈模壓切。

酥餅碎

1 用食物處理機把奶油和精白砂糖攪拌至奶油的塊狀完全消失為止。加入低筋麵粉、高筋麵粉、杏仁粉，再次用食物處理機攪拌至粉末完全消失為止。

2 在冰箱內放置一晚，用濾網過濾成細碎的鬆散狀。

3 把直徑6.5cm的法式塔圈排列在透氣烤盤墊上面，分別裝入20g的材料，稍微輕壓，讓材料平鋪至邊緣，用170℃的烤箱烤20分鐘。

花生堅果糖

1 把精白砂糖和水放進銅鍋，開中火加熱，使精白砂糖融解。溫度達到120℃後，加入花生，一邊確實攪拌，一邊加熱。

2 精白砂糖呈現白色，包裹在花生上面之後，改用大火翻炒。稍微染上烤色後，改用中火。

3 焦糖化的部分開始產生細小氣泡後，關火，加入鹽巴和香草醬。

4 倒在透氣烤盤墊上面，放涼。放進冰箱冷卻。放進食物處理攪拌，製作成顆粒較粗的堅果糖。

花生奶油醬

1 把鮮奶油放進鍋裡，加熱至即將沸騰的程度。

2 把蛋黃和精白砂糖放進鋼盆，用打蛋器搓磨混拌，直到呈現泛白。

3 把 *1* 的材料慢慢倒進 *2* 的鋼盆裡面攪拌，然後再倒回 *1* 的鍋子裡面，開火加熱，一邊攪拌加熱，直到溫度達到84℃。

4 把 *3* 的鍋子從火爐上移開，加入花生堅果糖和明膠片攪拌，讓明膠片融解。

5 放涼後，用填餡器把材料擠進底徑4×口徑3.5×高度2cm的矽膠模型裡面，約9分滿的程度，然後放進冷凍庫冷卻凝固。

香煎蘋果

1 把奶油放進開火加熱的平底鍋，奶油融解後，放入蘋果。偶爾傾斜、晃動平底鍋，用略強的中火持續加熱，直到蘋果冒出水分的滋滋聲響消失，使水分揮發。

2 加入精白砂糖，改用大火，進行焦糖化，直到蘋果呈現較深的焦黃色。最後，加入蘋果白蘭地，點火嗆燒。

3 放涼後，分別把50g的材料放進裝在法式塔圈裡面的酥餅碎上面，將表面抹平。放進冷凍庫冷卻凝固。

咖啡打發甘納許

1 把鮮奶油A和水飴放進鍋裡，加熱至幾乎快沸騰的程度。

2 把白巧克力放進鋼盆，倒入**1**的材料混拌融解。加入溫熱狀態的濃縮咖啡混拌。接著，慢慢加入冰冷的鮮奶油B，一邊用打蛋器混拌。

3 在冰箱內放置一晚後，加入研磨的咖啡豆，用打蛋器攪拌，打至7分發。

組合、裝飾

1 把咖啡打發甘納許擠進口徑6.5×高度3cm的矽膠模型裡面，約9分滿的程度，放上花生奶油醬，輕輕壓入。

2 在花生奶油醬的上面擠上少量黏接用的咖啡打發甘納許，放上彼士裘伊蛋糕體。放進冷凍庫冷卻凝固。

3 把上面放有香煎蘋果的酥餅碎，從法式塔圈裡面脫模。

4 把**2**脫模，然後讓花生奶油醬的表面浸泡在堅果糖淋醬裡面，蛋糕體朝下，重疊在**3**的上面。

5 裝飾上瑞士蛋白霜。

îles flottantes modernes（現代浮島）

アツシハタエ
Atsushi Hatae

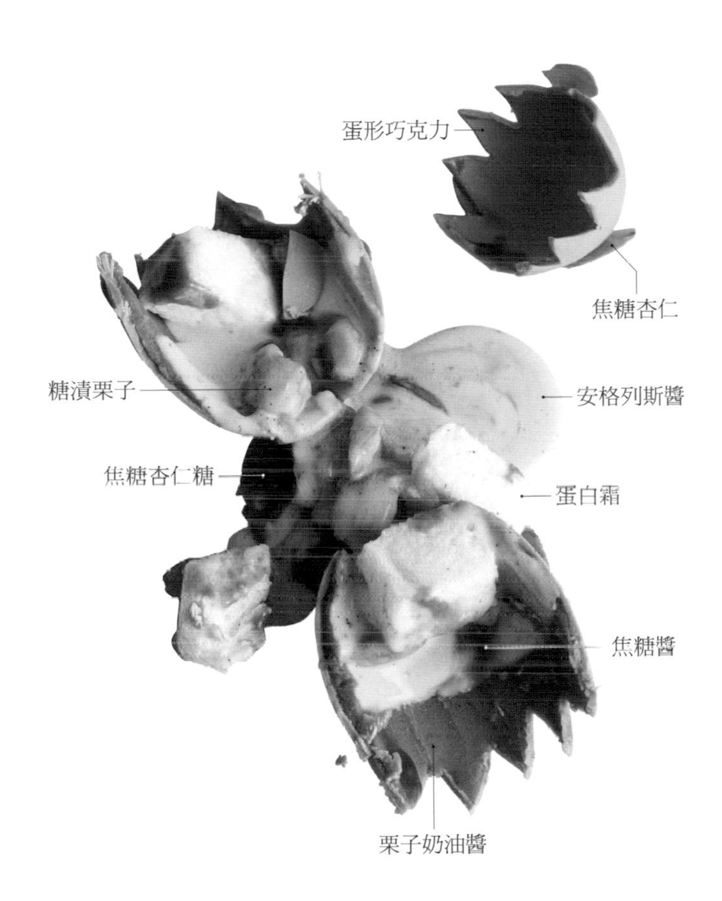
蛋形巧克力
焦糖杏仁
糖漬栗子
安格列斯醬
焦糖杏仁糖
蛋白霜
焦糖醬
栗子奶油醬

以法國料理的經典甜點「îles flottantes（浮島）」（讓蛋白霜漂浮在安格列斯醬上面的甜點）為主題。波多江 篤甜點師表示，「先把安格列斯醬和蛋白霜等各部件固體化，然後再將其製作成小蛋糕並不困難，不過，這裡則是大膽挑戰各甜點部件的忠實呈現」。「液態輕盈的安格列斯醬和濃醇的堅果風味十分契合」。重點味道選用栗子奶油醬和糖漬栗子。各別製作後再加以組合，入口融化的時間也各不相同，讓人可以充分感受每一階段的不同風味。

材料

（高度8cm×〔最寬部分的〕寬5.5cm的蛋形6個）

蛋形巧克力

金黃巧克力（Valrhona「DULCEY」／可可含量35%）……84g（平均每個14g）

安格列斯醬

牛乳……500cc
精白砂糖……80g
香草豆莢（馬達加斯加產）……2支
蛋黃……100g
萊姆酒……35g

焦糖醬（容易製作的分量）

鮮奶油（乳脂肪含量35%）……250g
水飴……25g
精白砂糖……250g
鹽巴……1g

蛋白霜

蛋白……200g
精白砂糖……65g
香草醬……0.5g

糖漬栗子

牛乳……300cc
精白砂糖……30g
香草豆莢……1支
栗子（冷凍，Boiron／預先煮好）……200g

※製作方法

1 把所有材料（香草豆莢取出種籽，使用種籽和豆莢兩種）放進鍋裡，開大火加熱，稍微沸騰後，改用小火，蓋上落蓋，烹煮30分鐘左右，直到栗子變軟。溫度維持在咕嘟咕嘟冒出小氣泡的程度，避免把栗子煮爛。
2 煮好之後，在直接放著落蓋的狀態下放涼，避免表面產生薄膜。使用的時候，取出栗子，把湯汁擦乾，搗成碎粒。

焦糖杏仁糖（容易製作的分量）

A 奶油……160g
牛乳……60cc
水飴……60g
B* 精白砂糖……200g
果膠……3g
杏仁（切細碎）……200g

＊混合。

※製作方法

1 把所有A材料放進鍋裡，開火加熱。奶油融解後，用打蛋器攪拌，加入B材料，煮沸後，關火。
2 加入切成細碎的杏仁，用木鏟攪拌。
3 在矽膠墊上面攤平，趁熱的時候，在上面重疊上烘焙紙，用擀麵棍把厚度擀壓成8mm。放涼後，用直徑5cm的切模壓切。
4 用170℃的熱對流烤箱烤24分鐘。

栗子奶油醬（容易製作的分量）

栗子膏（Imbert）……25g
栗子醬（Imbert）……25g
栗子泥（Imbert）……50g

※用橡膠刮刀混合所有材料。

焦糖杏仁（容易製作的分量）

波美30度的糖漿……20g
杏仁片……20g

※製造方法

1 把杏仁片放進波美30度的糖漿裡面浸泡一晚。
2 隔天把糖漿瀝乾，鋪在烘焙紙上面，盡量避免重疊，用150℃的熱對流烤箱烤15分鐘。

製作方法

蛋形巧克力

1 把調溫好的金黃巧克力倒進蛋形模型裡面，搖動模型，倒掉多餘的材料，沿著模型的平面，把抹刀平貼在上面，刮掉多餘的材料。讓倒進巧克力的那一面朝下，放置在鋪有OPP膜的烤盤上面，在17℃的室溫下冷卻凝固。

2 冷卻經過3分鐘後，試著用手指輕輕碰觸，如果巧克力呈現可揉捏的柔軟狀態，就以距離蛋形細小端約2.5cm的位置為標準，把尺平貼在上面，加上記號。以記號作為起點和終點，用竹籤刻出鋸齒模樣。

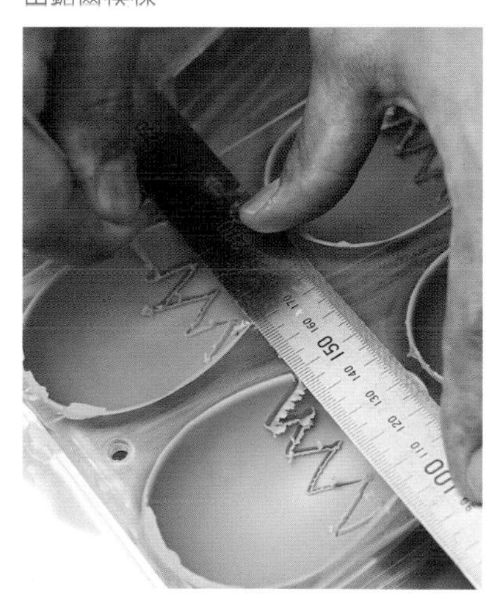

3 巧克力確實凝固後，進行脫膜。用板式加熱器加熱邊緣，稍微融化後，把2個1組黏接起來，製作出雞蛋形狀。鋸齒部分就維持分切的狀態，另一端就當成蓋子。在17℃的室溫下確實凝固。

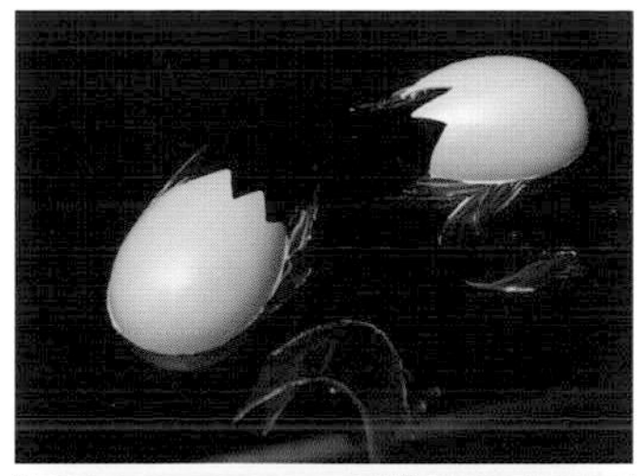

安格列斯醬

1 把牛乳和精白砂糖放進鍋裡。從香草豆莢裡面取出種籽，連同豆莢一起放進鍋裡，用大火煮沸。

2 在1加熱的期間，把蛋黃放進鋼盆，用打蛋器打散。

3 1煮沸後，馬上關火。把1的一半分量倒進2的鋼盆裡面攪拌。

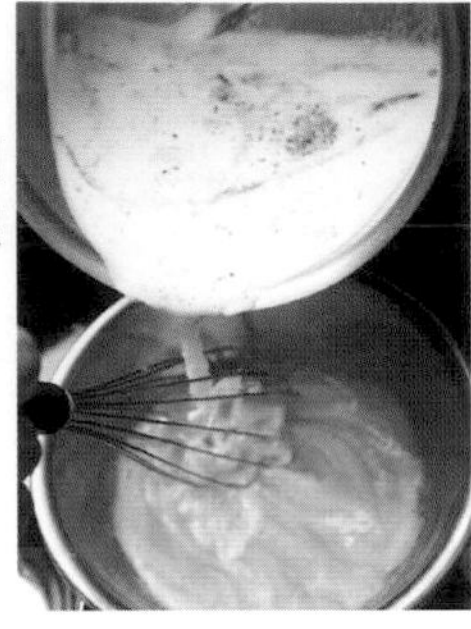

4 把3的材料倒回1的鍋子裡攪拌。直接放置3～4分鐘。讓材料呈現表面光滑，但卻略微濃稠的狀態。

5 將材料過濾到鋼盆，讓鋼盆的底部接觸冰水，消除熱度之後，在冰箱內放置一晚。隔天，加入萊姆酒攪拌。

焦糖醬

1 把鮮奶油放進鍋裡，開小火加熱至即將沸騰的程度。

2 把水飴和精白砂糖放進另一個鍋子，開中火加熱，偶爾用打蛋器攪拌。

3 2的材料呈現茶色，產生細小氣泡，氣泡下沉之後，關火，馬上倒入1的材料攪拌。

4 加入鹽巴，趁熱用手持攪拌器攪拌，製作出柔滑狀態。放涼後，在冰箱內放置一晚。

蛋白霜

1 把蛋白放進攪拌盆。該店使用的蛋白沒有經過冷凍，所以為了切斷蛋筋，一開始要先用高速打發20秒。

2 調整成中速，一次加入精白砂糖。用中速打發3分鐘，直到呈現勾角挺立的狀態。在即將完成之前，一邊打發，一邊加入香草醬。

3 把2支高度3cm的平衡尺放在舖有矽膠墊的烤盤上面，倒入2的蛋白霜，用抹刀抹平。

4 拿掉平衡尺，連同倒滿熱水的調理盤一起放進熱對流烤箱，用120℃烤14分鐘。出爐後，呈現觸感允滿彈力的狀態。

5 放涼後，放進冰箱冷卻，切成2cm的塊狀。

MADE IN GERM

組合、裝飾

1 把少量的金黃巧克力（融解，分量外）擠在焦糖杏仁糖的中央。

2 用板式加熱器稍微融解蛋形巧克力的底部，讓底部變得平坦後，放在1的焦糖杏仁糖的上面，讓其黏接在一起。放進冰箱冷卻凝固。

3 擠入13g的栗子奶油醬，用小型的抹刀把栗子奶油醬均勻塗抹在內側整體。

4 放入12g的糖漬栗子，再倒入35g的安格列斯醬。

5 放入4個蛋白霜。

6 擠入適量的焦糖醬，蓋上蛋形巧克力的上蓋。

7 利用融解的金黃巧克力（分量外），把焦糖杏仁黏接在蛋形巧克力的表面，完成。

堅果・堅果

マビッシュ
ma biche

用巧克力混拌的
肉桂酥餅和焦糖榛果

杏仁甜塔皮

香辛料達克瓦茲蛋糕

添加萊姆酒漬黑醋栗的
咖啡彼士裘伊蛋糕體

奶油榛果堅果糖慕斯

把甜味強烈且濃醇的奶油慕斯夾在其間，讓油脂滲入各個部件，使味道更加整體、一致。咖啡、巧克力、焦糖、堅果的甜味和濃郁、微苦、酥脆等，各種絕佳的風味相互交織，再加上肉桂等香辛料和萊姆葡萄乾的香氣，堆疊出深奧且厚重的美味。芳醇的萊姆葡萄乾的風味殘留餘韻。肉桂酥餅和焦糖榛果的咀嚼節奏，成為濕潤口感當中的亮點。

Piemonte（皮埃蒙特）

レタンプリュス
Les Temps Plus

無麵粉巧克力蛋糕體
開心果
金箔
榛果堅果糖
榛果和
牛奶巧克力的慕斯
香草奶油醬
巧克力堅果糖法式薄脆餅

慕斯和奶油醬全都以安格列斯醬為基底，精準計算，讓兩者能同時在嘴裡融化。讓「JIVARA LACTEE」（Valrhona／可可含量40%）、榛果的濃醇風味和香草的香氣同時融合在一起。相較於厚重的慕斯，香草奶油醬藉由適當的甜度，製作出輕盈且厚實的口感，讓味道更加平衡、協調。巧克力混拌的法式薄脆餅裡面，混入整顆酥脆的榛果堅果糖，為口感增加亮點。

檸檬堅果糖

ラヴィドゥガトー
LA VIE DE GATEAU

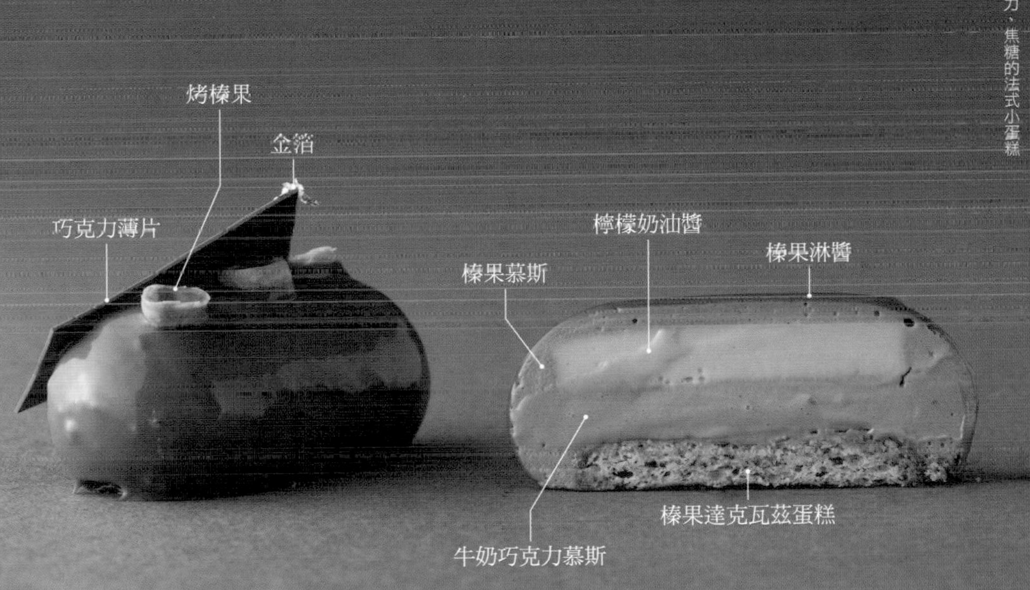
烤榛果
金箔
巧克力薄片
檸檬奶油醬
棒果淋醬
榛果慕斯
榛果達克瓦茲蛋糕
牛奶巧克力慕斯

把明膠的用量控制在最小限度，表現出輕盈融化口感的榛果慕斯，搭配榛果巧克力，展現出深厚濃郁。檸檬奶油醬有著入口即化的味蕾觸感，讓榛果的香氣更加誘人。用「SUPERIEURE LACTEE」（Cacao Barry／可可含量38%）製作的牛奶巧克力慕斯，添加榛果堅果糖和檸檬精，藉此演繹出味道的一致感。醇厚的達克瓦茲蛋糕、烤榛果、巧克力薄片演繹出輕盈感。

PIFLO（畢夫羅）

パティスリー ル・ネグレスコ
Pâtisserie Le Negresco

黑巧克力慕斯
開心果巧克力脆脆
覆盆子玫瑰果凍
巧克力彼士裘伊蛋糕體
開心果慕斯

混入開心果醬，以安格列斯醬為基底的慕斯，添加櫻桃酒，表現出立體感的同時，展現出味濃、醇厚的味道。同時也能享受到顆粒口感的覆盆子果凍，釋出鮮明的酸味，同時增添玫瑰香氣，帶來華麗印象。黑巧克力慕斯和巧克力彼士裘伊蛋糕體的可可感，讓整體的味道更加深厚。裝飾在上方的開心果巧克力脆脆，為味道和口感帶來變化。

Sicilienne（西西里舞曲）

ル マグノリア
Le Magnolier

覆盆子甘納許
開心果
開心果香緹鮮奶油
覆盆子
金箔
LM
抹上櫻桃酒的
開心果彼士裘伊蛋糕體
開心果慕斯林奶油醬
覆盆子果粒果醬

輕盈的香緹鮮奶油和醇厚的開心果慕斯林奶油醬，在不同的時間差異下慢慢融化，讓濃厚的開心果味道更顯立體。把巧克力的濃醇和覆盆子的酸甜重疊在一起，味道鮮明的甘納許帶來口感層次的同時，和覆盆子果粒果醬的果香酸味互起作用，阻斷開心果的油膩風味。可以感受到開心果的細膩風味和濃郁的彼士裘伊蛋糕體，搭配櫻桃酒的香氣，也有增添華麗的效果。

Heureux（幸福）

パティスリー アンカド
Pâtisserie Un Cadeau

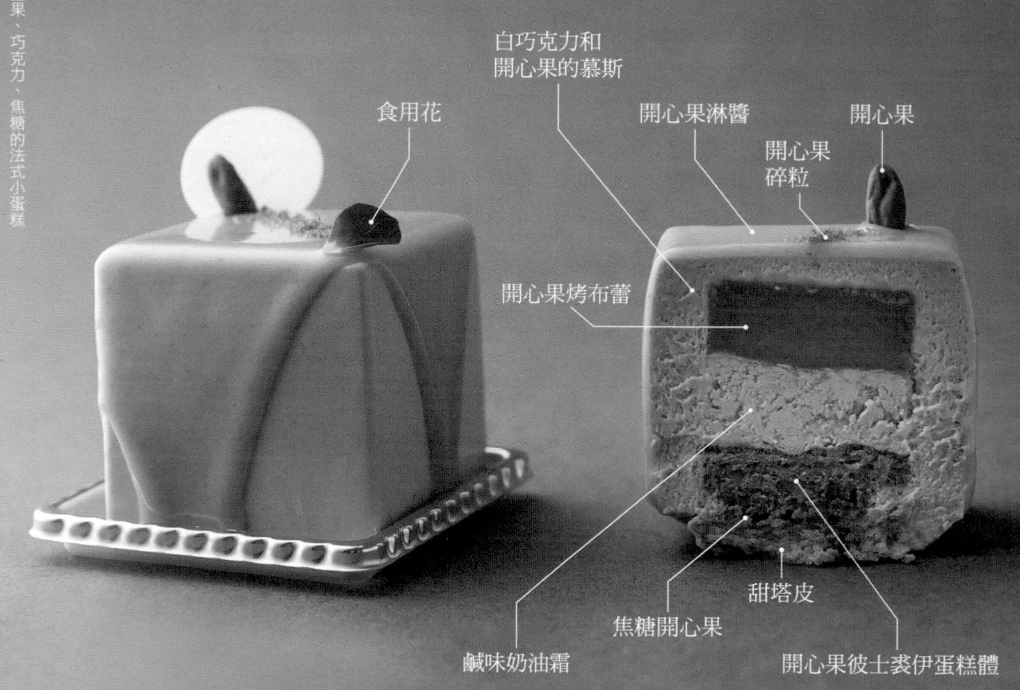
白巧克力和
開心果的慕斯
食用花
開心果淋醬
開心果
開心果
碎粒
開心果烤布蕾
甜塔皮
焦糖開心果
鹹味奶油霜
開心果彼士裘伊蛋糕體

以濃醇的開心果義式冰淇淋為形象。慕斯隱約的奶味創造出立體感，使用大量開心果醬的烤布蕾實現濃醇的味道和持久香氣。添加蓋朗德岩鹽的奶油霜，鹹味和濃郁使開心果的風味更加鮮明。略帶苦味的焦糖開心果形成味覺重點，增添味道的層次。2種入口即化的麵體，讓整體的口感更加味濃，就像是義式冰淇淋一般。

巴黎布雷斯特泡芙

マビッシュ
ma biche

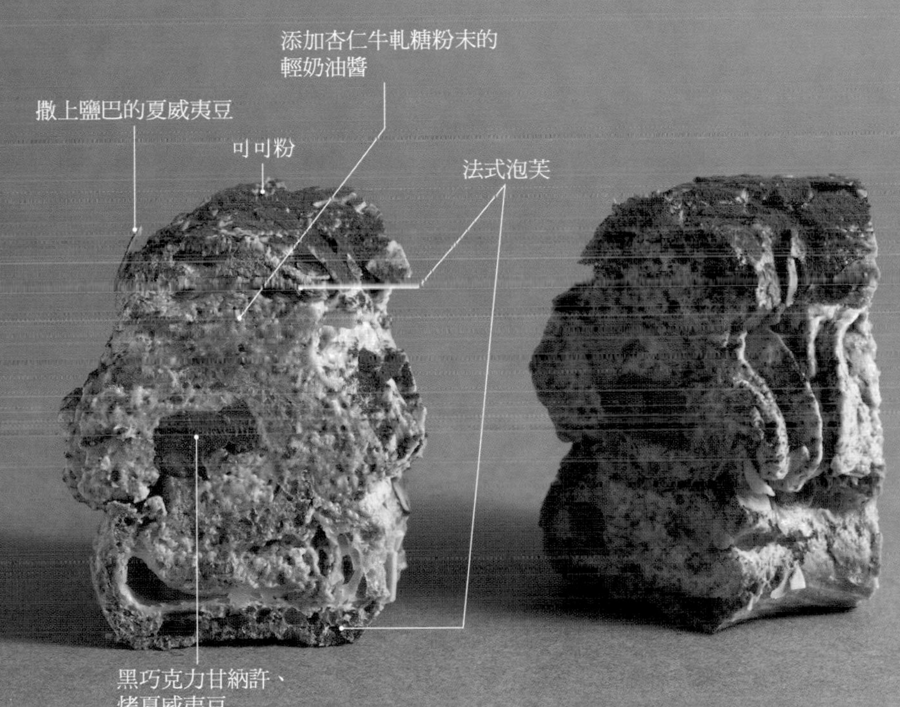
添加杏仁牛軋糖粉末的
輕奶油醬
撒上鹽巴的夏威夷豆
可可粉
法式泡芙
黑巧克力甘納許、
烤夏威夷豆

甜度適中的輕奶油醬，搭配大量自製杏仁牛軋糖磨成的粉末。在嘴裡融化的同時，香氣撲鼻，與外酥內鬆軟的法式泡芙的鮮味相互交融。使用可可含量70%的黑巧克力「SUR DEL LAGO」（DOMORI），表現出微苦感和清爽餘韻的甘納許，添加岩鹽，使甜味更加鮮明。在中央放入烘烤過的夏威夷豆，把鹽巴撒在側面，藉此強調堅果印象。

黑醋栗山核桃

パティスリー エスリエール

Pâtisserie sLier

堅果、巧克力、焦糖的法式小蛋糕

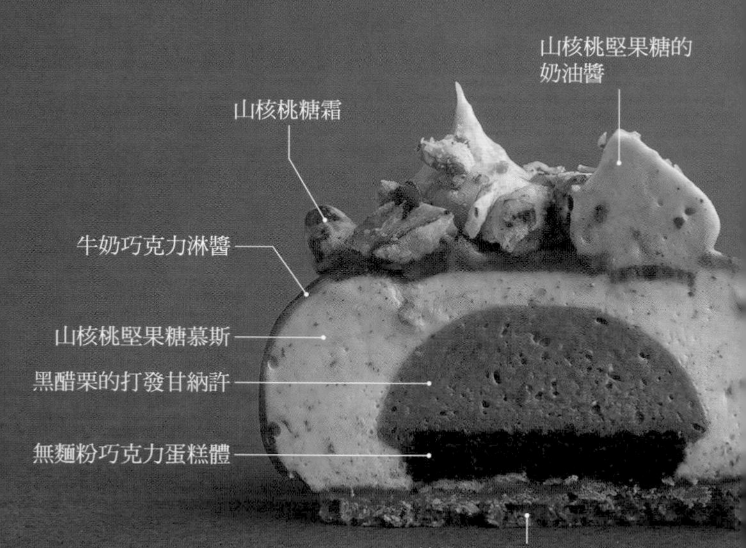
山核桃堅果糖的奶油醬
山核桃糖霜
牛奶巧克力淋醬
山核桃堅果糖慕斯
黑醋栗的打發甘納許
無麵粉巧克力蛋糕體
山核桃堅果糖的法式薄脆餅

使用大量濃郁香酥的山核桃自製堅果糖。慕斯以口感鬆軟的炸彈麵糊為基底，味道濃醇，同時藉由緩慢融化的黑醋栗打發甘納許的酸味增加刺激感受，讓濃縮的黑醋栗風味餘韻殘存。藉由裝飾在頂端的糖霜口感和奶油醬的濃郁，強調山核桃的印象。無麵粉巧克力蛋糕體的可可感，和底部添加了牛奶巧克力，同時帶有鹹味的堅果糖風味，為整體的味道帶來不同的強弱感受。

大黃根椰子香希布斯特塔

パティスリー ウサギ
pâtisserie usagi

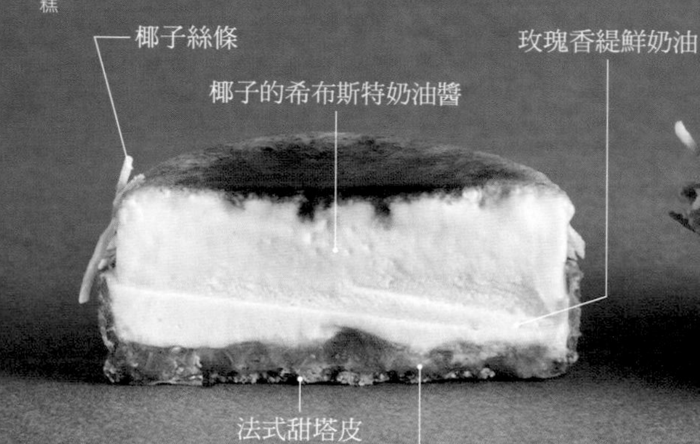
椰子絲條
椰子的希布斯特奶油醬
玫瑰香緹鮮奶油
法式甜塔皮
大黃根果粒果醬

椰子的乳香甜味和大黃根鮮明的酸味交織，遺留下玫瑰的香氣餘韻。希布斯特奶油醬以椰奶的安格列斯醬為基底，醞釀出醇厚的濃郁，再透過焦糖增添微苦和濃郁的甜味。用乳脂肪含量42%的鮮奶油製作的玫瑰香緹鮮奶油，輕柔的奶味也能增進溫和味道。口感酥脆細膩，厚度僅有2mm的法式甜塔皮和清脆的椰子絲條，全是口感的重點。

栗子香草

パティスリー ル・ネグレスコ

Pâtisserie Le Negresco

香草香緹鮮奶油
澀皮栗子碎粒
巧克力脆糖杏仁粒
巧克力脆片
彼士裘伊蛋糕體
栗子巴伐利亞奶油

頂飾、濃醇的栗子巴伐利亞奶油全都混入了鬆軟的澀皮栗子碎粒，藉此加深栗子的印象。隱約芳醇的萊姆酒讓味道顯得更加深奧。富含大量空氣的香緹鮮奶油在嘴中鬆軟化開，醇厚的奶味和奢華的香草香氣，和栗子的風味一起演奏出協奏曲。鬆軟、入口即化的彼士裘伊蛋糕體等，充滿可可感的巧克力部件，讓整體的濃郁更加聚集。脆糖杏仁粒是口感的亮點所在。

巧克力×柳橙×百香果×榛果

âme（靈魂）

パティスリー マサキ

Pâtisserie MASAKI

鹹味焦糖巧克力慕斯
巧克力淋醬
焦糖榛果
巧克力工藝
杏桃百香果奶油醬
榛果柳橙巧克力奶油醬
榛果柳橙達克瓦茲蛋糕

慕斯分別採用可可含量70%的黑巧克力和可可含量40%的牛奶巧克力，爽口的同時又蘊藏著醇厚，同時再混入添加了蓋朗德岩鹽的焦糖。百香果和杏桃的奶油醬充滿酸甜的水果滋味。緩慢融化的牛奶巧克力（可可含量40%）奶油醬和達克瓦茲蛋糕，添加榛果酥脆的濃厚風味與柳橙的清爽酸味，讓整體的味道更顯一致。酥脆的焦糖榛果演繹出輕盈口感。

Allie（夥伴）

パティスリー アンカド
Pâtisserie Un Cadeau

檸檬焦糖淋醬
焦糖夏威夷豆
榛果和
牛奶巧克力的慕斯
檸檬奶油醬
檸檬和榛果的達克瓦茲蛋糕

利用以炸彈麵糊作為基底的榛果牛奶巧克力慕斯的濃郁與溫和甜味，把檸檬的酸味包裹起來，檸檬溫和香氣之後是濃醇的榛果風味。帶有檸檬皮香氣的焦糖淋醬，藉由清爽香氣加強檸檬印象。達克瓦茲蛋糕也添加了檸檬和榛果風味，使整體的味道更顯一致。夏威夷豆的酥脆口感帶來強弱感受，芳香餘韻殘留。

巧克力×萊姆葡萄乾×零陵香豆

巧克力葡萄

パティスリー ウサギ

pâtisserie usagi

零陵香豆香緹鮮奶油
焦糖杏仁
巧克力片
添加杏仁的布朗尼
添加萊姆葡萄的甘納許

芳醇的自製萊姆葡萄，令人印象深刻。甘納許在嘴裡融化的同時，萊姆酒的香氣和可可含量71%的黑巧克力交織出強烈的可可感，與香緹鮮奶油的濃醇奶味共鳴。氣味與香草、杏仁類似的零陵香豆的香甜襯托出可可風味，同時也和焦糖杏仁的酥脆十分速配。添加蛋白的布朗尼風味濃醇且入口即化，和杏仁的酥脆口感相互作用，帶來輕盈的印象。

Triangle（三角形）

アツシ ハタエ
Atsushi Hatae

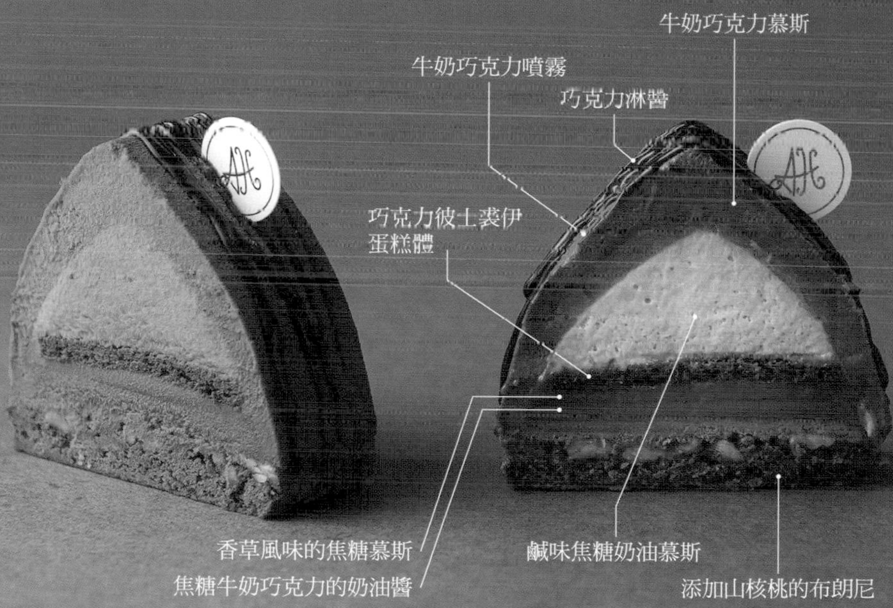

牛奶巧克力慕斯
牛奶巧克力噴霧
巧克力淋醬
巧克力彼士裘伊
蛋糕體
香草風味的焦糖慕斯
焦糖牛奶巧克力的奶油醬
鹹味焦糖奶油慕斯
添加山核桃的布朗尼

醇厚的慕斯使用帶有香草香氣的「JIVARA LACTEE」（Valrhona／可可含量40%），搭配組合的是運用微苦焦糖，柔滑口感宛如冰淇淋般的鹹味焦糖慕斯。利用香草風味的焦糖慕斯和焦糖與牛奶巧克力的奶油醬，強調焦糖的味道。搭配2種入口即化的麵體，與其他柔軟的部件緊密貼合，帶來絕佳咀嚼口感的同時，讓口腔內融化的整體風味更顯味濃。

巧克力×榛果×無花果×栗子

Nocturne（夜曲）

ル マグノリア
Le Magnolier

巧克力淋醬
巧克力工藝
金箔
焦糖榛果
糖漬栗子
紅酒煮無花果
白蘭地
甘納許
巧克力彼士裘伊蛋糕體
棒果堅果糖慕斯
堅果糖和法式薄脆餅
無花果果粒果醬
LM

僅限秋冬販售。含有大量榛果醬的慕斯，以炸彈麵糊為基底，口感輕盈。巧克力甘納許的苦味和白蘭地的香氣營造出深奧的風味，同時阻斷堅果的油脂感。紅酒熬煮無花果的顆粒口感和濃縮風味、糖漬栗子的鬆軟口感和甜味，演繹出『秋冬感』。硬脆的堅果糖和酥鬆的法式薄脆餅和榛果調合之後，讓豐富的餘韻大幅提升。

Un Cadeau（禮物）

パティスリー アンカド
Pâtisserie Un Cadeau

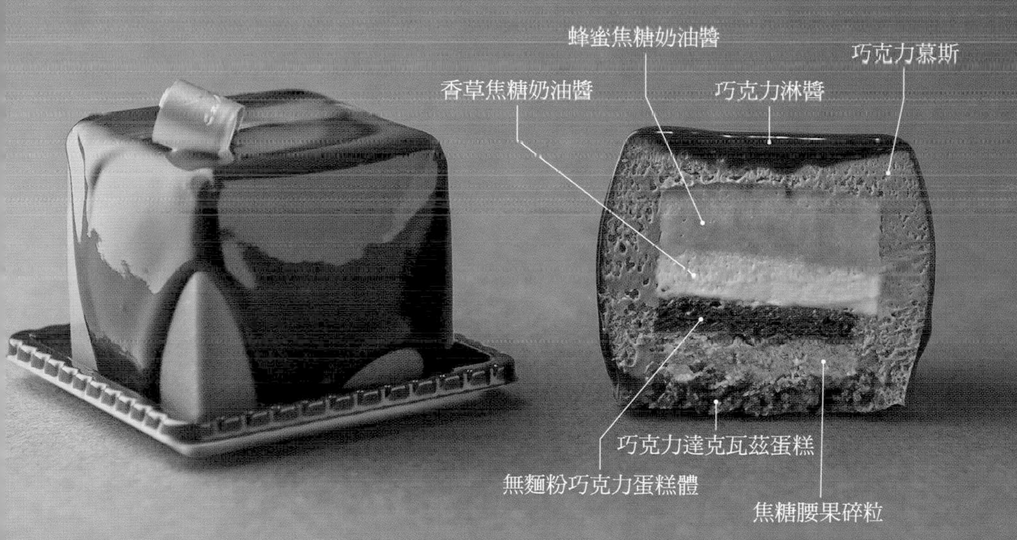
蜂蜜焦糖奶油醬
巧克力慕斯
香草焦糖奶油醬
巧克力淋醬
巧克力達克瓦茲蛋糕
無麵粉巧克力蛋糕體
焦糖腰果碎粒

沒有添加明膠，以安格列斯醬為基底的巧克力慕斯，濃醇的味道來自少量的鮮奶油和「CARAQUE」（Valrhona／可可含量56%）。2種焦糖鮮奶油和巧克力慕斯融合成一體，在嘴裡融化的同時，奢華的蜂蜜香氣隨之竄升。焦糖的微苦使整體的味道更紮實，加上法式薄餅脆片的碎粒口感形成重點。濕潤的2種麵體把柔滑的部件和酥脆的碎粒串聯起來。

Arabique（阿拉比克）

ラヴィドゥガトー
LA VIE DE GATEAU

杏桃柳橙果凍
添加烤杏仁的淋醬巧克力
咖啡奶油醬
巧克力慕斯
抹上咖啡和綠荳蔻糖漿的
巧克力彼士裘伊蛋糕體

使用「Extra Bitter」（Cacao Barry／可可含量64%），以炸彈麵糊為基底的濃醇慕斯，有著柔滑融化的口感與持久的可可香氣。水嫩的果凍以柳橙為基底，添加杏桃，增添新鮮酸味的層次。加入明膠，讓接近果凍口感的咖啡奶油醬更添濃郁。巧克力彼士裘伊蛋糕體撒上酥脆的巧克力脆珍珠球演繹出輕盈口感，綠荳蔻的香氣誘出巧克力風味。

Flōra（佛洛拉）

アツシ ハタエ
Atsushi Hatae

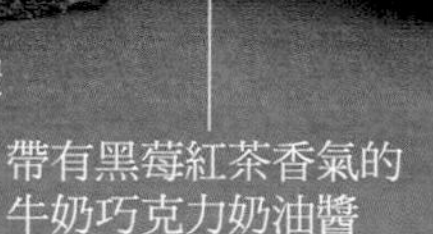
帶有黑莓紅茶香氣的
巧克力淋醬
開心果彼士裘伊蛋糕體
黑莓
黑莓果凍
黑莓奶油醬
巧克力彼士裘伊蛋糕體
帶有黑莓紅茶香氣的
牛奶巧克力慕斯
帶有黑莓紅茶香氣的
牛奶巧克力奶油醬

黑莓的奢華香氣，隨著巧克力的濃醇風味一起在嘴裡擴散。波多江 篤甜點師表示，「黑莓的香氣輕柔且纖細。因為會被黑巧克力的強烈可可風味比下去，所以就搭配溫和味道的牛奶巧克力」。黑莓製作成果凍和奶油醬，讓風味更濃縮。巧克力慕斯、奶油醬、淋醬則飄散著黑莓紅茶的香氣，彌補黑莓香氣的同時，讓奢華的香氣更有厚度。

Tourbillon（旋風）

アツシ ハタエ
Atsushi Hatae

焦糖和巧克力的打發甘納許
帶有百香果香氣的
焦糖鳳梨
添加蜂蜜的巧克力
彼士裘伊蛋糕體
添加榛果堅果糖的
法式薄餅脆片
可可風味的法式甜塔皮
焦糖和零陵香豆的
金黃巧克力甘納許
帶有辛香料香氣的香蕉果凍

香蕉在帶皮狀態下直接烤至全黑，去除釋出的湯汁之後，製作成果凍。波多江 篤甜點師表示，「把香蕉的濃醇甜味濃縮起來。因為希望達到某程度的衝擊效果，所以留下適量帶有苦澀味的果汁，同時添加香辛料，使風味更加醇厚」。甘納許搭配焦糖、零陵香豆和蜂蜜等，表現出深厚的風味。加入百香果的果汁，再加入焦糖化的鳳梨，藉此提高熱帶水果的香氣，讓味道更濃且鮮明。

酸櫻桃開心果

ラトリエ ヒロ ワキサカ
L'ATELIER HIRO WAKISAKA

酸櫻桃鏡面果膠
開心果奶油霜
帶有櫻桃酒香的牛奶巧克力甘納許
開心果奶油醬
抹上櫻桃酒糖漿的彼士裘伊蛋糕體
法式薄餅脆片
酸櫻桃果粒果醬

追求開心果和酸櫻桃的協調。脇坂紘行甜點師表示，「因為每層的結構都很薄，所以在追求豐富、細膩融化的同時，風味也會呈現階段性的變化，最後留下櫻桃酒的餘韻。櫻桃酒使用風味完整且香氣強烈的Kirschlikor（Dry Tannen，酒精濃度45度）」。牛奶巧克力甘納許的那一層刻意加厚，讓整體的味道更加深厚。

Refleurir（再次綻放）

パティスリー リュニック
Pâtisserie L'unique

紅醋栗、覆盆子、
藍莓、玫瑰花瓣
開心果淋醬
帶有紫花地丁香氣的
莓果香緹鮮奶油
酸櫻桃慕斯
開心果慕斯
帶有紫花地丁香氣的莓果果凍
開心果彼士裘伊蛋糕體
堅果巧克力法式薄餅脆片

改良自開心果和酸櫻桃組合而成的招牌商品「Sicilienne（西西里舞曲）」，利用紫花地丁的香氣增添奢華。「Refleurir」是法語「再次綻放」的意思，因此，此商品僅限秋天販售。開心果慕斯製作成緩慢融化的質地，藉此讓濃厚的風味持續。酸櫻桃慕斯則是混入切碎的酸櫻桃，提升果實感，同時使酸味更加鮮明。堅果巧克力法式薄餅脆片則讓整體的濃郁和甜味更顯紮實。

Eternite（永遠）

セイイチロウニシゾノ
Seiichiro, NISHIZONO

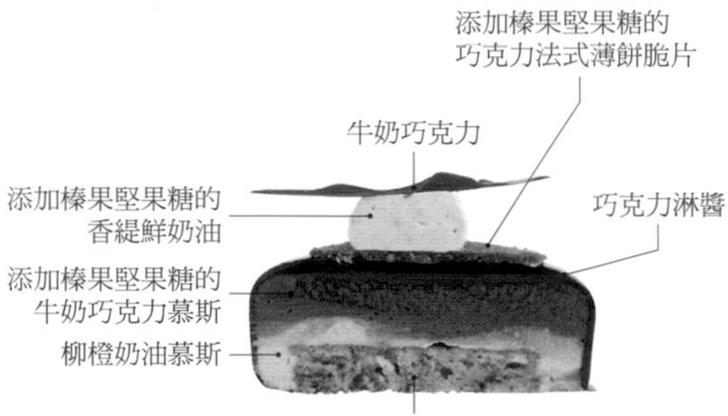
添加榛果堅果糖的
巧克力法式薄餅脆片
牛奶巧克力
添加榛果堅果糖的
香緹鮮奶油
巧克力淋醬
添加榛果堅果糖的
牛奶巧克力慕斯
柳橙奶油慕斯
抹上君度橙酒的榛果達克瓦茲蛋糕

以榛果堅果糖為主角。西園誠一郎甜點師說：「柳橙的作用是，用來誘出堅果風味，使整體的味道更加清爽。因為不希望讓酸味太過鮮明，所以用奶油稍微包覆」。甚至，因為「黑巧克力和堅果的濃郁產生相互作用之後，往往給人沉重的印象」，所以巧克力慕斯大多搭配可可含量38%的牛奶巧克力，藉此製作出輕盈的食後感。

栗子 × 黑醋栗

球體蒙布朗

ルワンジュトウキョウ ル ミュゼ
LOUANGE TOKYO Le Musée

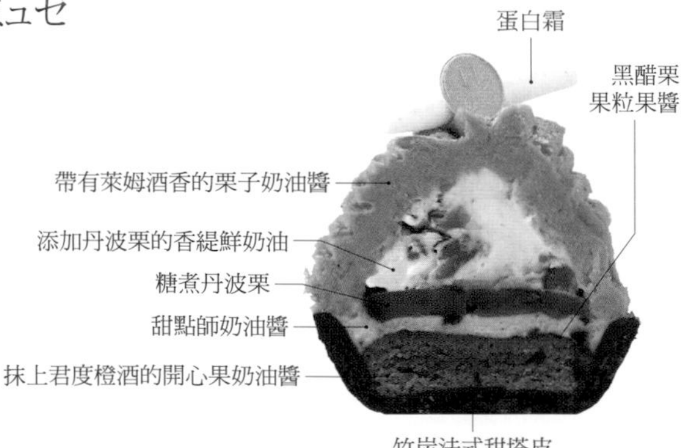
蛋白霜
黑醋栗
果粒果醬
帶有萊姆酒香的栗子奶油醬
添加丹波栗的香緹鮮奶油
糖煮丹波栗
甜點師奶油醬
抹上君度橙酒的開心果奶油醬
竹炭法式甜塔皮

帶有萊姆酒香的栗子奶油醬、混入丹波栗的香緹鮮奶油，再搭配糖煮丹波栗醬，強調栗子的味道和鬆滑口感。甜點師奶油醬和開心果奶油醬的濃郁味道，帶來層次感。黑醋栗果粒果醬儘管只有少量，酸味卻十分鮮明，和君度橙酒的清爽香氣產生交互作用，使整體的醇厚味道產生強弱。

栗子 × 黑醋栗

Bel Automne（美麗的秋天）

ハノック
hannoc

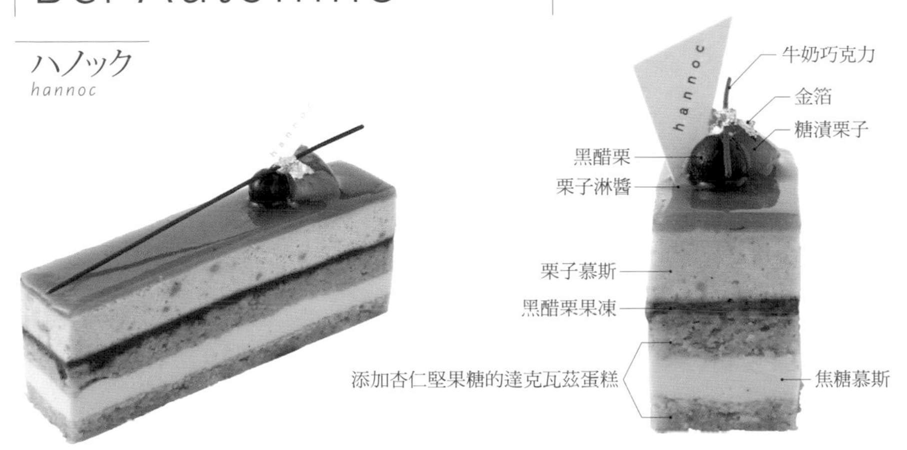
hannoc
牛奶巧克力
金箔
糖漬栗子
黑醋栗
栗子淋醬
栗子慕斯
黑醋栗果凍
添加杏仁堅果糖的達克瓦茲蛋糕
焦糖慕斯

黑醋栗的酸味具有讓栗子風味更加鮮明的作用。個性強烈的黑醋栗製作成果凍，夾入薄薄的一層。感受到黑醋栗鮮明的酸味之後，栗子的醇厚味道在嘴裡擴散，焦糖的微苦在嘴裡殘留。搭配栗子果泥的淋醬，補強栗子的風味。添加杏仁堅果糖的達克瓦茲蛋糕帶來滿足感。

栗子 × 巧克力 × 柳橙

蒙布朗 巧克力柳橙

シンフラ
Shinfula

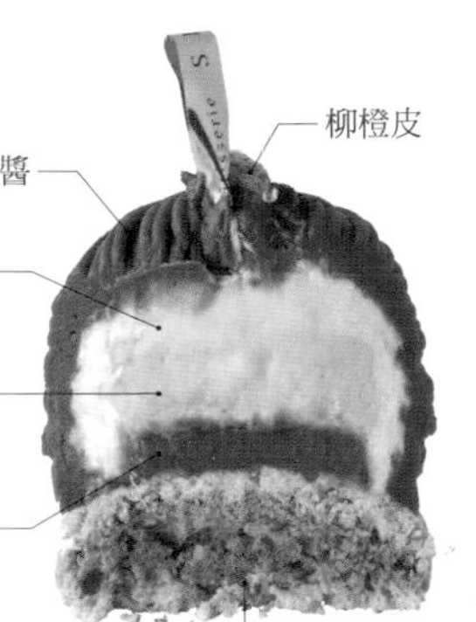
柳橙皮
添加黑巧克力的栗子奶油醬
添加柳橙果醬和濃縮柳橙的
香緹鮮奶油
把柳橙果醬、濃縮柳橙
和搗碎的烤布蕾混在一起，
再用明膠凝固
榛果堅果糖法式薄餅脆片
和添加黑巧克力的栗子奶油醬
帶有黑大豆黃豆粉香氣的蛋白霜

「如果把經典的組合放進標準的作法裡面，應該會很有趣」（中野慎太郎甜點師），於是便有了柳橙和巧克力的蒙布朗組合。索性把蒙布朗的主角栗子製作成隱約感受的程度。奶油醬搭配黑巧克力，裡面的香緹鮮奶油等部分添加了柳橙果醬和濃縮柳橙，藉此讓柳橙和巧克力共通的苦味更加明顯。

巧克力×柳橙×熱帶水果

60DAYS（60天）

パティスリー ヴィヴィエンヌ
Pâtisserie VIVIenne.

柳橙皮、柳橙果凍
巧克力香緹鮮奶油
搭配甘納許，
添加柳橙皮的巧克力酥餅碎
黑巧克力奶油醬
香草奶油醬
柳橙、香蕉和番石榴等6種熱帶水果，
帶有香草香氣的果凍

使用充滿果香的黑巧克力「CHOCOLANTE 60DAYS VIETNAM DARK 74%CT」（Puratos），搭配帶有酸味和苦味的柳橙、奢華香氣的百香果、甜味強烈的香蕉等6種熱帶水果，「希望藉此誘出隱藏在巧克力背後的深奧美味」，柾屋哲郎甜點師說道。果凍裡面添加甜味強烈的焦糖，把巧克力和水果串連起來。

巧克力×山椒×柳橙

Planet（行星）

パティスリー ホソコシ
Pâtisserie Hosokoshi

金黃巧克力

黑巧克力淋醬

肉桂風味的烤布蕾

黑巧克力慕斯

抹上添加氣泡酒的
糖漿的山椒風味的
巧克力彼士裘伊蛋糕體

法式甜塔皮

模仿行星的外觀設計格外惹人矚目。巧克力彼士裘伊蛋糕體利用SAUMUR（氣泡酒）的高雅柳橙香和山椒的刺激口感增添清爽香氣，為濃醇的巧克力風味增添風味。肉桂風味的烤布蕾藉著濃郁與醇厚的香氣，為整體的味道帶來層次。金黃巧克力製成的行星環和法式甜塔皮的酥脆口感是亮點。

巧克力 × 榛果 × 咖啡 × 杏桃

Sphere Harmony（球體和諧）

ルワンジュトウキョウ ル ミュゼ

LOUANGE TOKYO Le Musée

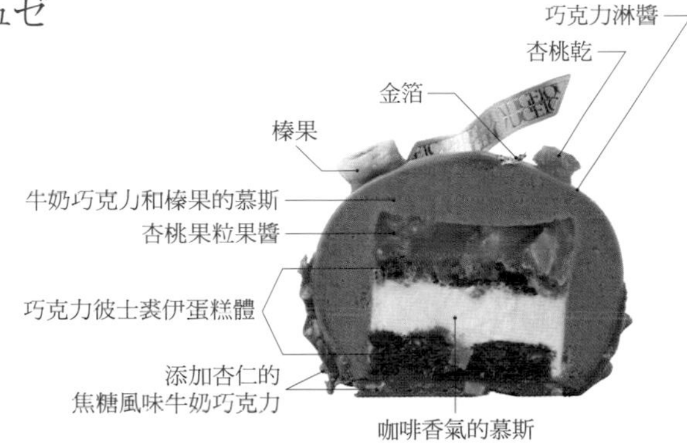
巧克力淋醬
杏桃乾
金箔
榛果
牛奶巧克力和榛果的慕斯
杏桃果粒果醬
巧克力彼士裘伊蛋糕體
添加杏仁的
焦糖風味牛奶巧克力
咖啡香氣的慕斯

加上榛果芳香，味道濃厚且醇潤的牛奶巧克力慕斯，搭配抑制咖啡苦味，伴隨用咖啡香氣的慕斯。負責在這些溫和味道中帶來亮點的是，充滿水果美味的杏桃果粒果醬。甜度適中且酸味鮮明，再加上果肉感的殘留，每次的咀嚼，杏桃的酸味就會在嘴裡擴散。

白巧克力 × 杏仁香甜酒 × 生薑

Etincelle（煙火）

ル・フレザリア パティスリー

Le Fraisalia Pâtisserie

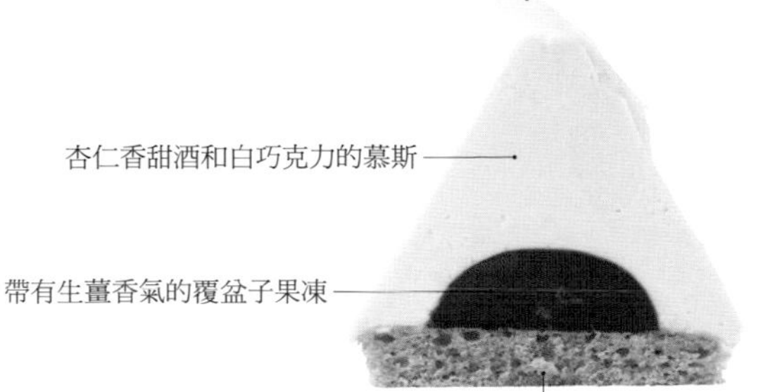
白巧克力
杏仁香甜酒和白巧克力的慕斯
帶有生薑香氣的覆盆子果凍
香料麵包

以聖誕節的氛圍的形象。味道的組合源自於雞尾酒Amaretto Ginger。添加在奶香濃郁的白巧克力裡面的杏仁醇厚風味，和添加在酸甜覆盆子果凍裡面的生薑辛辣香氣，搭配得十分恰當好處。添加了生薑、肉豆蔻、丁香等香料的香料麵包，展現出複雜且深奧的味道。

焦糖洋梨

ショコラトリー パティスリー ソリリテ
chocolaterie pâtisserie SoLiLité

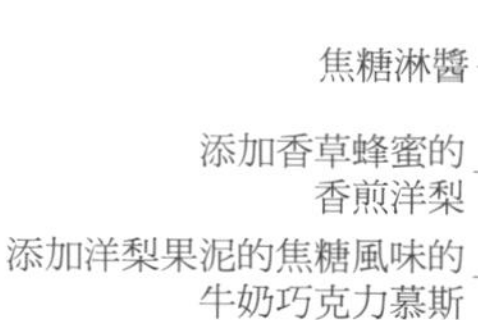
焦糖淋醬
添加香草蜂蜜的香煎洋梨
添加洋梨果泥的焦糖風味的牛奶巧克力慕斯

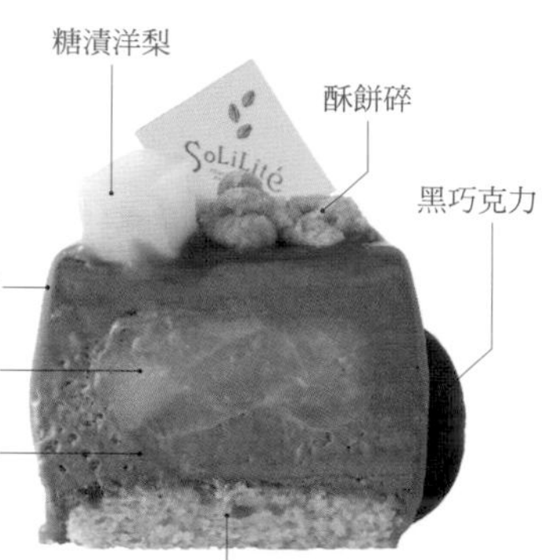
糖漬洋梨
酥餅碎
黑巧克力
熱內亞麵包

為了運用洋梨的清淡風味，利用焦糖淋醬加強印象，同時在慕斯裡面使用焦糖風味的牛奶巧克力，藉此避免苦味太過鮮明，同時保留焦糖的餘韻。慕斯裡面添加洋梨果泥，與稍微收乾湯汁的香煎洋梨相連結。保留洋梨的口感，展現出不輸給濃醇慕斯的存在感。

焦 糖 × 栗 子 × 洋 梨

洋梨焦糖

アンフィニ
INFINI

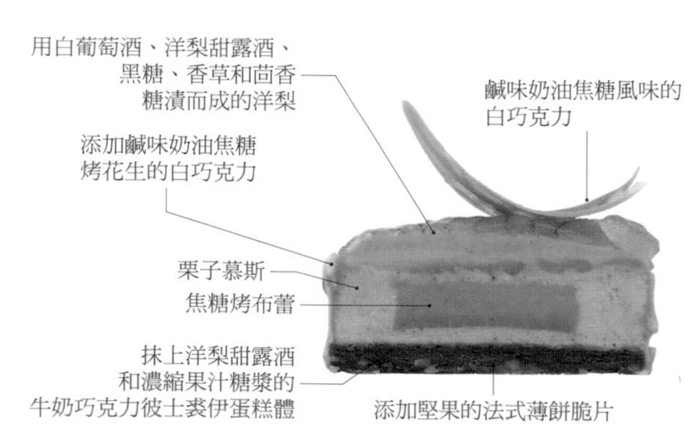
用白葡萄酒、洋梨甜露酒、黑糖、香草和茴香糖漬而成的洋梨
鹹味奶油焦糖風味的白巧克力
添加鹹味奶油焦糖烤花生的白巧克力
栗子慕斯
焦糖烤布蕾
抹上洋梨甜露酒和濃縮果汁糖漿的牛奶巧克力彼士裘伊蛋糕體
添加堅果的法式薄餅脆片

可以感受到焦糖和栗子的濃醇甜味，充滿秋天的氛圍。為避免洋梨的水嫩感太過明顯，刻意將其加工成糖漬。用黑糖增添濃郁，和其他部位結合之後，味道更加濃厚。另一方面，利用具有清涼感的茴香表現出穿透感。鹹味焦糖風味的白巧克力搭配較多的鹽，使味道更加鮮明，再混入烤花生，帶來輕盈的芳香口感。

Petits Gâteaux

6

使用起司的法式小蛋糕

fromage

4種莓果的非烘焙起司蛋糕

パティスリー エスリエール
Pâtisserie sLier

義式蛋白霜
4種糖漬莓果
非烘焙起司奶油醬
莓果醬
榛果巧克力酥餅碎
Pâtisserie

覆盆子、黑醋栗、黑莓、藍莓的酸甜糖漬水果，從鬆軟的蛋白霜中流出。非烘焙起司奶油醬搭配分量50%的奶油起司，並使用極少量的安格列斯醬，讓起司的風味更加鮮明，製作出濃厚味道長時間殘留的質地。糖漬水果和非烘焙起司奶油醬，利用柳橙&檸檬皮增添清爽香氣，將兩者巧妙串聯。底部的榛果芳香讓整體的味道更顯紮實。

白乳酪&大黃根塔

コンフェクト・コンセプト
CONFECT CONCEPT

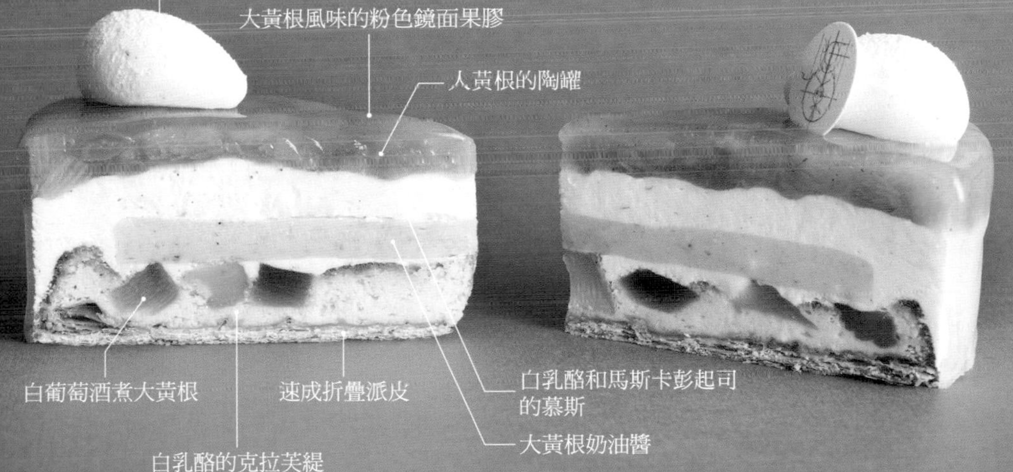

香緹鮮奶油
大黃根風味的粉色鏡面果膠
大黃根的陶罐
白葡萄酒煮大黃根
速成折疊派皮
白乳酪和馬斯卡彭起司的慕斯
大黃根奶油醬
白乳酪的克拉芙緹

以加了白巧克力的白乳酪和馬斯卡彭起司的慕斯為主體，再搭配4種融化時間各不相同的質地，就能充分感受到大黃根的酸甜滋味。為了在大黃根猶如蔬菜般的獨特風味中增加果實感，在陶罐和奶油醬裡面搭配了青蘋果的果泥。陶罐在嘴裡融化，濃縮的大黃根風味在嘴裡擴散，慕斯的濃郁和奶味相互交融。克拉芙緹和白葡萄酒煮大黃根，明確表現出這道甜點的主題。

Tomatomato（蕃茄繞口令）

パティスリー ニューモラス
Pâtisserie NUMOROUS

NUMOROUS
橄欖油
羅勒
莫札瑞拉起司
黑胡椒
夏季草莓
半乾蕃茄
黑橄欖
蕃茄和夏季草莓的果凍
添加羅勒的杏仁奶油醬
奶油起司和酸奶油的奶油醬
法式甜塔皮
綠橄欖和半乾蕃茄

主角是鮮味濃醇的長野縣產料理用蕃茄「鈴駒」。加工成半乾狀態，把鮮味加以濃縮，再搭配酸味強烈的夏季草莓、奶油起司和酸奶油，藉此實現鮮味和酸味的平衡。包裹在其中的果凍是以蕃茄5比夏季草莓2的比例所製作而成，在運用主角蕃茄的同時，也加上了草莓的香甜。然後，把它當成卡布里沙拉，加上莫札瑞拉起司和羅勒，再利用黑橄欖和黑胡椒把濃醇的味道凝聚在一起。

奶油起司×白乳酪×白荳蔻×迷迭香

Etincelle（煙火）

ラマルク
LAMARCK

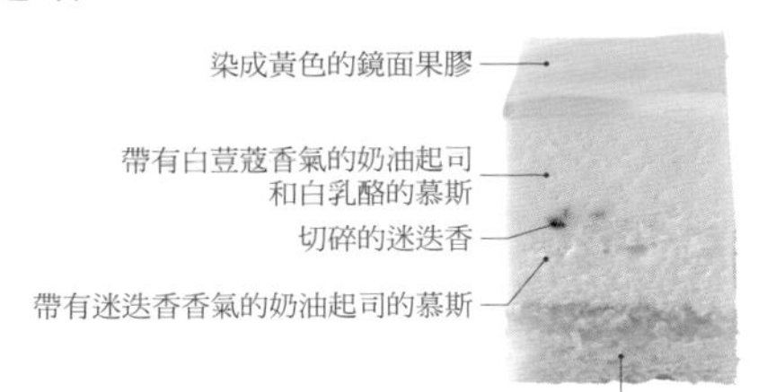

染成黃色的鏡面果膠
帶有白荳蔻香氣的奶油起司和白乳酪的慕斯
切碎的迷迭香
帶有迷迭香香氣的奶油起司的慕斯
抹上百香果糖漿的彼士裘伊蛋糕體

LAMARCK

用混入打發鮮奶油的奶油起司和白乳酪製成的輕盈慕斯、用基底為炸彈麵糊，味道濃郁的奶油起司所製作而成的慕斯，把2種印象迥然不同的起司慕斯重疊在一起。前者搭配荳蔻，後者則是增添迷迭香的香氣，把抹在彼士裘伊蛋糕體上面的糖漿製作成百香果風味，藉此增加清涼感，誘出起司的奶味。鏡面果膠的鮮豔黃色演繹出清爽度。

奶油起司×柚子×山椒

柚子白乳酪

パティスリー レセンシエル
Pâtisserie L'essentielle

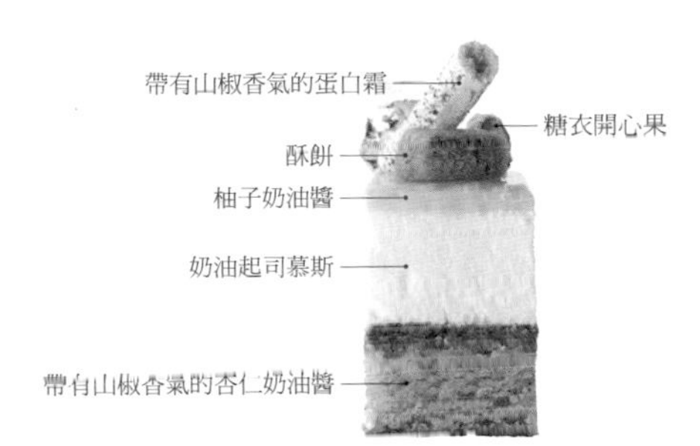

帶有山椒香氣的蛋白霜
糖衣開心果
酥餅
柚子奶油醬
奶油起司慕斯
帶有山椒香氣的杏仁奶油醬

山椒的風味極具個性。山椒具有辛辣的刺激口感和清爽的香氣，和柑橘一樣，因為含有香氣成分檸烯（Limonene），所以選擇搭配帶有隱約苦味的柚子，此外，和同樣清爽的奶油起司也相當速配。香脆口感之後是入口即化的蛋白霜，再加上緩慢融化的杏仁奶油醬，從第一口到最後的餘韻，都能充分感受到山椒的獨特風味。裝飾的酥餅也是口感亮點。

馬斯卡彭起司×蕃茄

Mascarponé Tomatier（馬斯卡彭蕃茄）

ル・フレザリア パティスリー
Le Fraisalia Pâtisserie

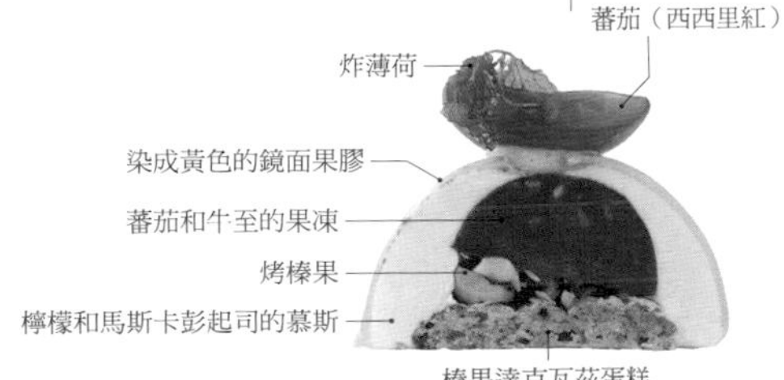

蕃茄（西西里紅）
炸薄荷
染成黃色的鏡面果膠
蕃茄和牛至的果凍
烤榛果
檸檬和馬斯卡彭起司的慕斯
榛果達克瓦茲蛋糕

含有大量鮮味的蕃茄「西西里紅（Sicilian Rouge）」，經過加熱之後，鮮味會更加倍增。製作成濃醇且多汁的果凍，透過牛至的香氣，讓味道更加深厚。利用檸檬的酸味，強調奶味和清爽度的馬斯卡彭起司，以醇厚的風味包覆蕃茄的美味。榛果的芳香和酥脆口感，表現出『甜點感』。裝飾的西西里紅和炸得酥脆的薄荷是外觀和味覺的亮點所在。

山羊乳酪×奶油起司×大黃根

大黃根山羊乳酪

ル・フレザリア パティスリー
Le Fraisalia Pâtisserie

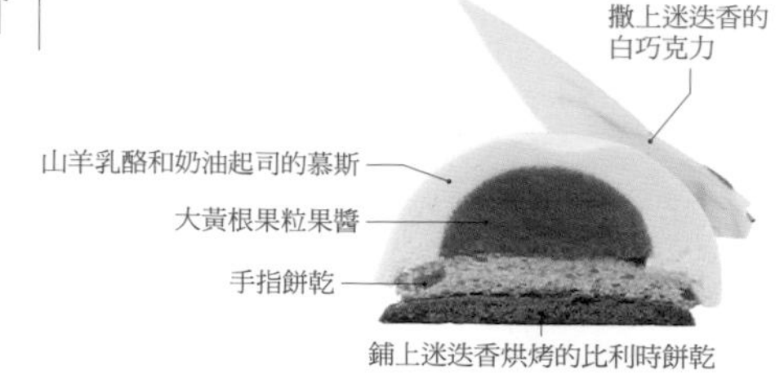
撒上迷迭香的
白巧克力
山羊乳酪和奶油起司的慕斯
大黃根果粒果醬
手指餅乾
鋪上迷迭香烘烤的比利時餅乾

以8比2的比例，由奶油起司和帶有酸味且風味獨特的山羊乳酪所混合而成的慕斯，加上用蜂蜜增添濃郁的酸甜大黃根果粒果醬。手指餅乾吸附2種質地的水分，呈現濕潤口感。帶有香辛料香氣的比利時餅乾和撒在白巧克力上面的迷迭香鮮明爽快香氣，特別適合搭配山羊乳酪和大黃根。

古岡左拉起司×巧克力×萊姆酒

Dillon Brut（辣口迪隆）

セイイチロウニシゾノ
Seiichiro, NISHIZONO

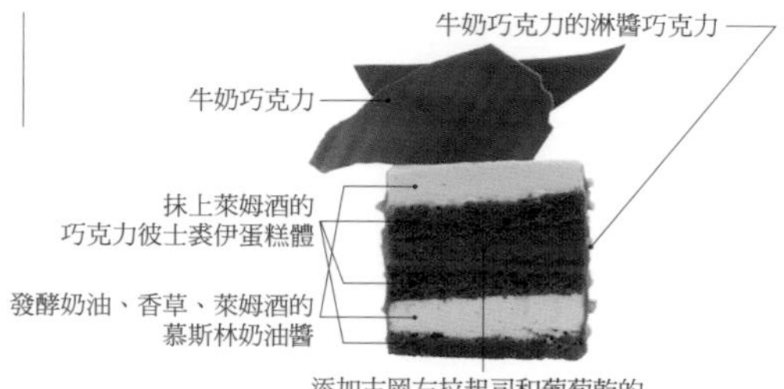
牛奶巧克力的淋醬巧克力
牛奶巧克力
抹上萊姆酒的
巧克力彼士裘伊蛋糕體
發酵奶油、香草、萊姆酒的
慕斯林奶油醬
添加古岡左拉起司和葡萄乾的
黑巧克力甘納許

濃醇的黑巧克力甘納許，加上風味鮮明的濃烈辛辣型古岡左拉起司（Gorgonzola Piccante）和凝聚甜味與鮮味的葡萄乾。古岡左拉起司的辛辣味道特別適合搭配芳醇的萊姆酒「Dillon」。巧克力彼士裘伊蛋糕體和甘納許的強烈可可風味讓味道更加紮實。慕斯林奶油醬利用發酵奶油增添濃郁，再藉由香草的隱約香氣，營造出高雅的印象。

古岡左拉起司×奶油起司×普洱茶×無花果

Bleu（藍）

ハノック
hannoc

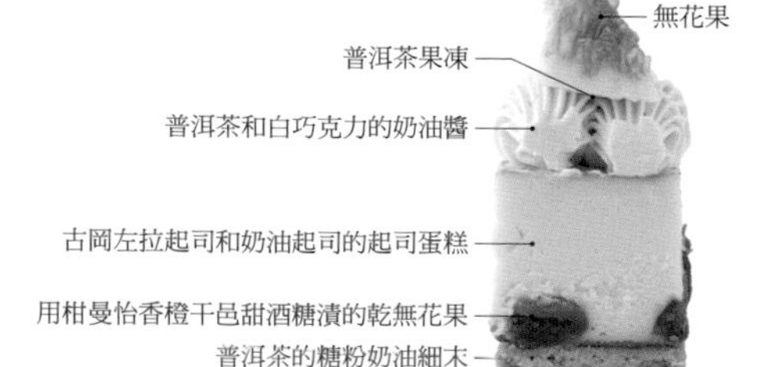
無花果
普洱茶果凍
普洱茶和白巧克力的奶油醬
古岡左拉起司和奶油起司的起司蛋糕
用柑曼怡香橙干邑甜酒糖漬的乾無花果
普洱茶的糖粉奶油細末

運用青黴起司獨特的風味，再加上奶油起司的清爽奶味，編織出滑順入喉的美味。搭配和起司十分契合的無花果。味道濃縮的無花果乾，用柑曼怡香橙干邑甜酒糖漬，再加上柑橘的清爽風味，同時利用新鮮的無花果演繹出水嫩。把煙燻後充滿濃郁風味的普洱茶製成果凍、奶油醬、糖粉奶油細末，展現出個性與深奧。

Petits Gâteaux

7

名店的
招牌法式小蛋糕

spécialités

杏桃×巧克力

ALL
（全部）

アステリスク
ASTERISQUE

ASTERISQUE
巧克力工藝
添加香煎杏桃的
杏桃果凍
棒果堅果糖奶油醬
杏桃和百香果的
奶油醬
巧克力
達克瓦茲蛋糕
添加焦糖杏仁糖的堅果糖奶油醬

ASTERISQUE

將2008年在美國比賽上獲獎的作品商品化。外觀明明就是厚重的巧克力蛋糕，放進嘴裡卻是多汁的杏桃酸味和奢華的香氣四溢，徹徹底底的水果風味。這樣的意外衝突也是魅力之一。巧克力達克瓦茲蛋糕搭配對比麵糊15%的大量黑巧克力（可可含量70%），在表現出布朗尼那種濃厚感的同時，打造出入口即化的輕盈口感。杏仁果凍用少量的明膠凝固，打造出水嫩度。

Parfum（香水）

アンフィニ
INFINI

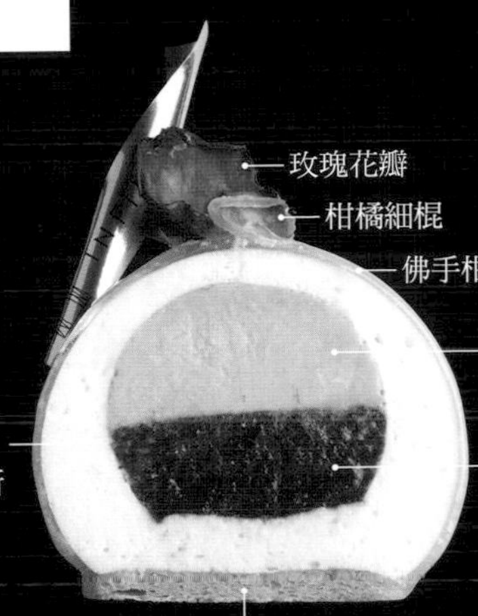
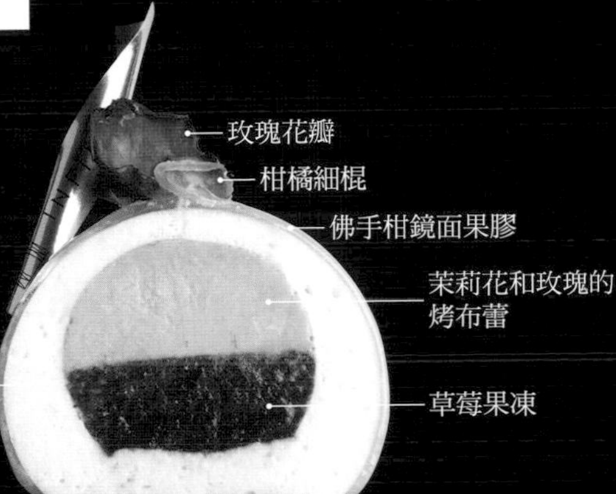
玫瑰花瓣
柑橘細棍
佛手柑鏡面果膠
茉莉花和玫瑰的
烤布蕾
佛手柑、
粉紅葡萄柚、
生薑的慕斯
草莓果凍
彼士裘伊蛋糕體

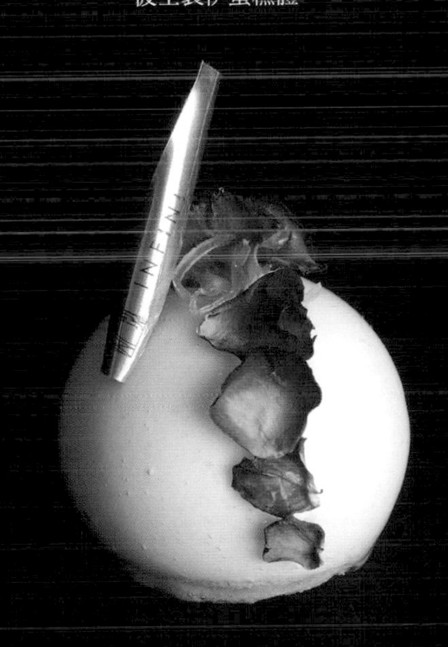

以高知縣產的芳醇佛手柑為主軸，陸續層疊搭配草莓、玫瑰、茉莉花等奢華的香氣。慕斯除了佛手柑之外，還增加了帶有隱約苦味的粉紅葡萄柚和清涼感的生薑。充滿玫瑰和茉莉花香氣的濃醇烤布蕾帶來滿足感，水嫩的草莓果凍彌補甜味，彼士裘伊蛋糕體抹上能夠感受到柳橙風味的甜露酒，讓口感更容易入口即化，同時讓風味和口感更加一致。

Kardinalschnitten（樞機主教蛋糕）

菓子工房グリューネベルク
grüneberg

草莓
覆盆子
蛋白霜麵糊
草莓
傑諾瓦士海綿蛋糕麵糊
馬斯卡彭起司的香緹鮮奶油

樞機主教蛋糕是將白色蛋白霜麵糊和蛋黃色傑諾瓦士海綿蛋糕麵糊相互交錯擠成長條形烘烤，再將咖啡奶油醬夾在其間的維也納甜點。「菓子工房グリューネベルク」則是會配合季節改變內餡，秋冬是經典的咖啡、春天是草莓、夏天是芒果，其中尤其以「春季草莓的樞機主教蛋糕」最受歡迎。香緹鮮奶油利用與草莓十分對味的煉乳增添溫和甜味，再用馬斯卡彭起司增添濃郁，最後再用酸奶油讓餘韻更加鮮明。

EN VEDETTE（主角）

アン ヴデット
EN VEDETTE

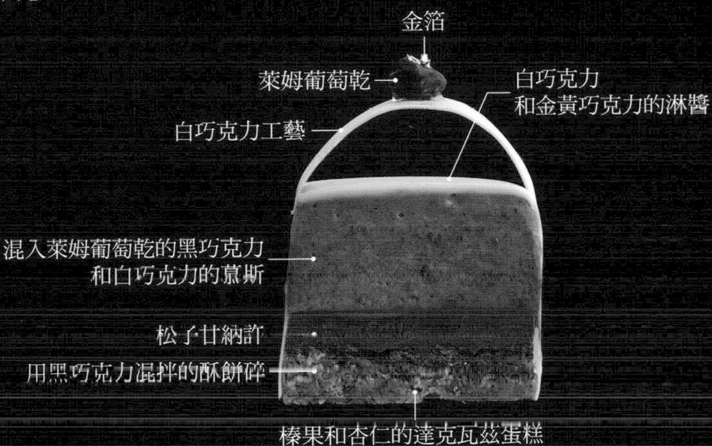
金箔
萊姆葡萄乾
白巧克力
和金黃巧克力的淋醬
白巧克力工藝
混入萊姆葡萄乾的黑巧克力
和白巧克力的慕斯
松子甘納許
用黑巧克力混拌的酥餅碎
榛果和杏仁的達克瓦茲蛋糕

冠上店名並投射出以象牙為基調的內部裝潢。巧克力工藝以網格狀的天花板為形象。靈感的原點是，油脂多且具有獨特風味的松子。以松子為基底，再搭配上黑巧克力，在削弱松子獨特風味的同時，誘出濃郁與甜味。黑、白巧克力以2比1的比例調和，在爽口和甜味更加協調的慕斯裡面，添加了自製萊姆葡萄乾。萊姆酒的香氣和葡萄乾的酸甜，和松子的獨特風味十分速配。

杏仁×榛果×柳橙

榛果巴黎布雷斯特泡芙

アディクト オ シュクル
Addict au Sucre

法式泡芙

柳橙果粒果醬

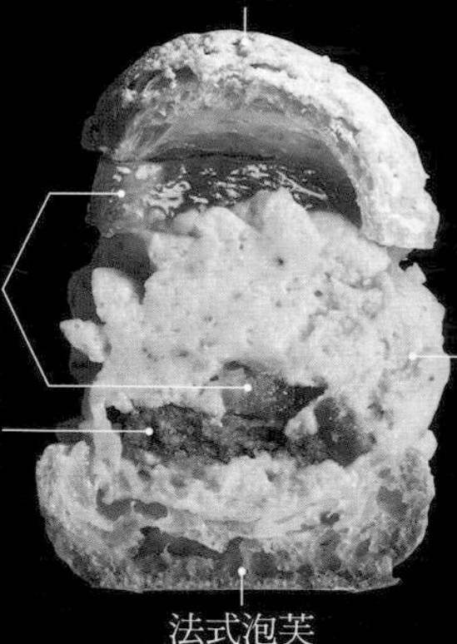
添加香緹鮮奶油的杏仁、榛果堅果糖慕斯林奶油醬
杏仁、榛果堅果糖法式薄餅脆片
法式泡芙

柳橙果粒果醬的清爽口感，把酥脆芳香的法式泡芙麵糊和添加了濃醇堅果糖的慕斯林奶油醬整合在一起。慕斯林奶油醬使用了把杏仁和榛果混合在一起，藉此使濃郁倍增的自製堅果糖。添加香緹鮮奶油，製作出輕盈、柔滑的口感。把牛奶巧克力、堅果糖、法式薄餅脆片製成的脆片和柳橙果粒果醬夾在其間，增加風味與口感的變化。把圓形泡芙排在一起，充滿玩心的視覺也十分有魅力。

アステリスク
ASTERISQUE
東京都渋谷区上原1-26-16
タマテクノビル1F
tel 03-6416-8080
10時～18時
不定期公休

刊載頁166

アツシハタエ
Atsushi Hatae
［代官山店］
東京都渋谷区猿楽町17-17
MH代官山 1F
tel 03-6455-2026
11時～19時
星期一公休
（如逢假日正常營業，於下個星期二公休）

刊載頁29、37、112、126、147、151、152

アディクト オ シュクル
Addict au Sucre
東京都目黒区八雲1-10-6
tel 03-6421-1049
11時～17時30分（售完即打烊）
星期一、三公休；不定期公休

刊載頁170

アン ウデット
EN VEDETTE
東京都江東区三好2-1-3
tel 03-5809-9402
10時～19時；星期日～18時30分
星期三公休；不定期公休

刊載頁169

アン グラン
UN GRAIN
東京都港区南青山6-8-17
プルミエビル1階
tel 03-5778-6161
11時～19時
星期三公休

刊載頁8、36、56、70、71

アンフィニ
INFINI
東京都世田谷区奥沢7-18-3
tel 03-6432-3528
11時～19時
星期三公休

刊載頁40、79、158、167

菓子工房グリューネベルク
grüneberg
神奈川県横浜市緑区中山1-2-7
ラフーチェ 1F
tel 045-516-3075
11時～18時
星期二、三公休；不定期公休

刊載頁168

ケイトスイーツブティック
Keito Sweets Boutique
滋賀県草津市野路町469-4
tel 077-599-0087
10時～19時
星期二公休

刊載頁78

ケークスカイウォーカー
Cake Sky Walker
兵庫県神戸市中央区中山手通
4-11-7 1F
tel 078-252-3708
11時～18時
不定期公休

刊載頁106

コンフェクト・コンセプト
CONFECT CONCEPT
東京都台東区元浅草2-1-16
シエルスト 1F
tel 03-5811-1621
10時30分～18時30分
星期一公休

刊載頁42、73、116、161

ショコラトリー パティスリー ソリリテ
Chocolaterie Pâtisserie SoLiLité
大阪市西区江戸堀2-2-5
tel 06-4980-8518
11時～19時
星期二公休；不定期公休

刊載頁80、158

シンフラ
Shinfula
埼玉県志木市幸町3-4-50
tel 048-485-9841
11時～19時；星期日12時～16時30分
星期一、二公休（如逢假日正常營業）

刊載頁39、74、98、155

セイイチロウニシゾノ
Seiichiro,NISHIZONO
大阪市西区京町堀1-12-25
tel 06-6136-7771
11時～19時
星期二、三公休

刊載頁74、76、153、164

たがやす 人形町店
Tagayasu
東京都中央区日本橋人形町2-2-3
堀口ビル 1F
tel 03-6810-7930
11時～19時
不定期公休

刊載頁62、64、65

トレカルム
TRÈS CALME
東京都文京区千石4-40-25
tel 03-3946-0271
10時～19時
不定期公休

刊載頁50

パティスリー アンカド
Pâtisserie un cadeau
東京都町田市原町田3-6-12
tel 042-851-7217
11時～19時
星期二公休

刊載頁138、145、149

パティスリー ヴィヴィエンヌ
Pâtisserie VIVIenne.
愛知県名古屋市昭和区山手通2-13
クレス1F
tel 052-836-5500
10時~18時
星期三公休；不定期公休

刊載頁76、79、156

パティスリー ウサギ
Pâtisserie usagui
兵庫県伊丹市中央1-7-15
tel 072-744-2790
11時～19時
星期三、四公休；不定期公休

刊載頁66、142、146

パティスリー エスリエール
Pâtisserie sLier
東京都品川区南品川1-8-11
tel 03-6433-2161
11時～20時；星期日～18時
無休

刊載頁32、140、160

パティスリー サヴール オン ドゥスール
PÂTISSERIE SAVEURS EN DOUCEUR
愛知県名古屋市西区浄心1-8-36
tel 052-908-1525
11時～18時30分
不定期公休

刊載頁14、39、117

パティスリー ニューモラス
Pâtisserie NUMOROUS
長野県松本市小屋南1-12-1
tel 0263-31-6228
10時～19時
星期一、二公休

刊載頁20、72、96、120、162

パティスリー ハルミエール
Pâtisserie Halumière
東京都立川市幸町3-34-3
ラ・ベレッツァフォリオ 1F
tel 042-537-9240
11時～18時
星期一（如逢假日正常營業）；
星期二不定期公休

刊載頁40

パティスリー ホソコシ
Pâtisserie Hosokoshi
東京都杉並区西荻南1-16-19
tel 03-5344-9782
10時30分～18時
星期二、三公休

刊載頁156

パティスリー マサキ
Pâtisserie MASAKI
岡山県倉敷市三田104-8
サンジェルマン1店鋪1F 北
tel 086-454-7223
10時～18時
星期一、二公休（如逢假日正常營業）

刊載頁30、97、144

パティスリー モデスト
Pâtisserie Modeste
東京都調布市国領町3-8-15
くすのきアパート5号棟104
tel 042-444-8977
11時～19時
不定期公休

刊載頁31、34、114

パティスリー リュニック
Pâtisserie L'unique
神奈川県横浜市磯子区
洋光台3-10-15 林第1ビル 1F
tel 045-367-9616
11時～18時；星期日、假日～17時
星期二公休；不定期公休

刊載頁77、153

パティスリー ル・ネグレスコ
Pâtisserie Le Negresco
神奈川県川崎市宮前区宮崎1-8-10
タゴトビル 1F
tel 044-872-9700
10時～20時；
星期六、日、假日～19時
第2、4個星期一公休
（如逢假日正常營業，於下個星期三公休）

刊載頁113、136、143

パティスリー レセンシエル
Pâtisserie L'essentielle
東京都文京区小石川4-16-7
tel 03-6320-8669
10時～18時
星期四公休

刊載頁75、163

ハノック
hannoc
大阪市北区万歳町4-12 浪速ビル 1F
tel 06-4792-8069
11時～19時（18時30分L.O）
無休

刊載頁40、78、155、164

マビッシュ
ma biche
兵庫県芦屋市大原町20-24
テラ芦屋 1F
tel 0797-61-5670
10時～19時
星期二、三公休

刊載頁33、132、139

ラヴィドゥガトー
La vie de Gâteau
福岡市南区長住1-1-57 1F
tel 092-408-2379
10時～19時
星期五公休；不定期公休

刊載頁68、135、150

ラトリエ ヒロ ワキサカ
L'ATELIER HIRO WAKISAKA
神奈川県川崎市中原区小杉町
2-276-1 パークシティ武蔵小杉
ザガーデンタワーズイースト 1F
tel 044-281-3865
11時～19時
星期一公休

刊載頁80、100、117、153

ラマルク
LAMARCK
京都市上京区弁財天町333-1
tel 075-496-8548
11時～18時
星期二、三公休；星期一不定期公休

刊載頁75、82、163

ル・フレザリア パティスリー
Le Fraisalia Pâtisserie
東京都東村山市野口町1-20-14
クレセール東村山 1F
tel 042-395-5771
10時～20時；星期日～19時
星期一公休

刊載頁98、157、163、164

ル マグノリア
Le Magnolier
東京都西東京市谷戸町3-10-2
tel 042-439-4590
11時～19時
星期一、二公休

刊載頁67、137、148

ルワンジュ トウキュウ ル ミュゼ
LOUANGE TOKYO Le Musée
東京都中央区銀座1-9-5
tel 03-4400-6606
11時～20時（18時L.O.）
不定期公休

刊載頁154、157

レタンプリュス
Les Temps Plus
［總店］
千葉県流山市市野谷543-1
tel 04-7168-0960
10時～18時30分
星期一、二公休；不定期公休

刊載頁26、28、134

ロネン
ronen
大阪市北区松ヶ枝町4-9 松田ビル
1F
tel 06-6353-3530
11時～19時（售完即打烊）
星期一公休；不定期公休

刊載頁35、38、88、94

TITLE

法式小蛋糕　解剖學

STAFF

出版　瑞昇文化事業股份有限公司
編著　café-sweets 編集部
譯者　羅淑慧

創辦人 / 董事長　駱東墻
CEO / 行銷　陳冠偉
總編輯　郭湘齡
責任編輯　張聿雯
文字編輯　徐承義
美術編輯　謝彥如
校對編輯　于忠勤
國際版權　駱念德　張聿雯

排版　二次方數位設計 翁慧玲
製版　明宏彩色照相製版有限公司
印刷　桂林彩色印刷股份有限公司

法律顧問　立勤國際法律事務所　黃沛聲律師
戶名　瑞昇文化事業股份有限公司
劃撥帳號　19598343
地址　新北市中和區景平路464巷2弄1-4號
電話　(02)2945-3191
傳真　(02)2945-3190
網址　www.rising-books.com.tw
Mail　deepblue@rising-books.com.tw

本版日期　2023年12月
定價　450元

ORIGINAL JAPANESE EDITION STAFF

撮影　上仲正寿　大山裕平　尾嶝 太
加藤貴史　坂元俊満　佐藤克秋
東谷幸一　間宮 博
三佐和隆士　安河内 聡
デザイン　芝 晶子（文京図案室）
編集　黒木 純　永井里果　一井敦子

國家圖書館出版品預行編目資料

法式小蛋糕解剖學/café-sweets編集部編著；羅淑慧譯. -- 初版. -- 新北市：瑞昇文化事業股份有限公司, 2023.10
176面 ;14.8x21公分
ISBN 978-986-401-663-1(平裝)

1.CST: 點心食譜

427.16　　112014054

國內著作權保障，請勿翻印 ／ 如有破損或裝訂錯誤請寄回更換

SOZAI NO KUMIAWASE KARA KANGAERU PETIT GATEAU
edited by café-sweets Henshubu
Copyright © Shibata Publishing Co., Ltd. 2022
Chinese translation rights in complex characters arranged with
SHIBATA PUBLISHING Co., Ltd.
through Japan UNI Agency, Inc., Tokyo